FORSCHUNGSBERICHTE DES LANDES NORDRHEIN-WESTFALEN

Nr. 2150

Herausgegeben im Auftrage des Ministerpräsidenten Heinz Kühn
von Staatssekretär Professor Dr. h. c. Dr. E. h. Leo Brandt

Prof. Dr.-Ing. Friedrich Eichhorn

Dr.-Ing. Hassan Mahib Ghanem

Institut für Schweißtechnische Fertigungsverfahren
der Rhein.-Westf. Techn. Hochschule Aachen

Das Lichtbogenverbindungsschweißen von Aluminium und Stahl nach dem WIG-Verfahren

Springer Fachmedien Wiesbaden GmbH

ISBN 978-3-663-06012-3 ISBN 978-3-663-06925-6 (eBook)
DOI 10.1007/978-3-663-06925-6

Verlags-Nr. 012150

Ursprünglich erschienen bei Westdeutscher Verlag, Köln und Opladen 1970
Gesamtherstellung: Westdeutscher Verlag

Inhalt

1. Einleitung

Reinaluminium und Aluminiumlegierungen verdanken ihre heutige technische Bedeutung sowohl dem geringen spezifischen Gewicht, der guten elektrischen Leitfähigkeit und Wärmeleitfähigkeit als auch der hohen Korrosionsbeständigkeit gegen Luft oder Chemikalien. Die »Aushärtbarkeit« vieler Aluminiumlegierungen erlaubt ferner gute Festigkeitskennwerte, die bei ausreichender Zähigkeit denen von Baustählen entsprechen können. Aus diesem Grund findet der Leichtbau mit Aluminium bzw. Aluminiumlegierungen in zunehmendem Maße Anwendung in der Industrie.
In der Praxis ergeben sich für den Konstrukteur bei Stoffverbindungen von Aluminium und Stahl Probleme, da das Verbindungsschweißen dieser Werkstoffkombination gegenwärtig noch nicht in ausreichendem Maße beherrscht wird. Über den Stand der Erkenntnisse beim Schweißen von Aluminium mit Stahl wurde in [1] ausführlich berichtet.
Neben den großen Unterschieden in den physikalischen Eigenschaften der beiden Werkstoffe (Tab. 1) sind hierfür hauptsächlich metallurgische Probleme entscheidend. Wie das Zweistoffzustandsschaubild (Abb. 1) zeigt, bildet flüssiges Aluminium mit festem Eisen eine Reihe intermetallischer Phasen, die alle sehr spröde sind. Hinzu kommt, daß die dichten und hochschmelzenden Aluminiumoxidhäute durch Flußmittel oder – beim Wechselstromschweißen – durch Hochfrequenzüberlagerung zerstört werden müssen.
Ziel dieser Arbeit war es, die Anwendungsmöglichkeit des maschinellen WIG-Verfahrens beim Stumpfnaht-, Überlappnaht- und Punktschweißen von 1 bis 3 mm dicken Al 99,5, AlMg 3- und AlZnMg 1-Blechen mit ebenfalls 1 bis 3 mm dicken Blechen aus unlegiertem Baustahl mit und ohne metallischen Überzug zu untersuchen.

2. Versuchseinrichtungen und Meßmethoden

Beim Nahtschweißen ist die in Abb. 2 und beim Punktschweißen die in Abb. 3 wiedergegebene Versuchsanlage verwendet worden. Bei den Nahtschweißuntersuchungen wurde eine spezielle, kombinierte Stromquelle für das Schutzgasschweißen mit Wechsel- bzw. Gleichstrom benutzt, deren Sekundärspule ein Arbeiten mit Hochfrequenzstabilisierung (2000 V, 500 kHz) erlaubt.
Die technischen Daten enthält Tab. 2.
Das zugehörige Steuergerät befindet sich im Gehäuse der Schweißstromquelle. Die Anlage ist so gebaut, daß mit Einschalten des Schweißvorganges Hochfrequenz, Schweißstrom, Zeitschaltuhr und Schutzgaszufuhr gleichzeitig eingeschaltet werden. Außerdem ist im Steuergerät ein Nachströmbehälter eingebaut, aus dem nach Verlöschen des Lichtbogens automatisch noch kurzzeitig Schutzgas auf das erstarrende Schmelzbad strömt.
Der zum Punktschweißen benötigte Wechselstrom niedriger Spannung und hoher Stromstärke wurde einem handelsüblichen Schweißtransformator entnommen, der unempfindlich gegen die als Zünd- und Stabilisierungshilfe für den Lichtbogen verwendete Hochfrequenz ist. Die technischen Daten dieser Stromquelle sind in Tab. 3

wiedergegeben. Das Steuergerät ist bei der zugehörigen Anlage nicht im Gehäuse der Stromquelle installiert, entspricht aber bis auf die Schaltuhr für die Zeitregelung der schon für das Nahtschweißen beschriebenen Einheit. Die Schweißzeit ließ sich stufenlos von 0 bis 5 Sekunden einstellen. Die gemessene Schweißzeit wich von der eingestellten Zeit maximal um $\pm$ 2% ab.

Für das Nahtschweißen ist der Brenner auf ein Fahrwerk montiert worden, das von einem Gleichstrom-Nebenschlußmotor mit Reduziergetriebe angetrieben wird. Die Schweißgeschwindigkeit läßt sich mit einem Potentiometer stufenlos zwischen 0 und 350 cm/min einstellen.

Beim Punktschweißen wird der Düsenrand des Brenners von Hand auf dem Oberblech aufgesetzt. Er weist 4 unter 90° angeordnete Kerben auf, damit die Luft durch das Argon aus der Düse verdrängt werden kann.

Bei den Versuchen wurde Argon mit einem Reinheitsgrad von 99,95% verwendet. Wegen guter thermischer Emissionsfähigkeit von Elektronen und hoher Lebensdauer kamen Wolframelektroden zum Einsatz, die mit 2% Thoriumoxid legiert waren. Um den Zündvorgang beim Schweißversuch zu verbessern, erfolgte vor dem Schweißen ein Erwärmen der kalten Elektrode durch kurzzeitiges Zünden eines Lichtbogens an einem Wolframstück.

Zur Messung der verschiedenen Einflußgrößen sind folgende Geräte und Hilfsmittel verwendet worden:

Stromstärke und Spannung wurden mit Hilfe von Dreheiseninstrumenten gemessen. Meßbereich für:

Nahtschweißen	I = 0 bis 250 A
	U = 0 bis 100 V
Punktschweißen	I = 0 bis 400 A
	U = 0 bis 100 V

Die Genauigkeit der Geräte wird mit $\pm$ 1,5% vom Skalenendwert angegeben.

Der Argonverbrauch (l/min) konnte mit Hilfe eines Durchflußmengenmessers (Typ Rotameter) eingestellt und während des Schweißens kontrolliert werden.

Mit einer Stoppuhr wurde die Schweißgeschwindigkeit überprüft, deren mittlerer Wert im benutzten Arbeitsbereich von 10 bis 50 cm/min maximal um $\pm$ 1% vom Sollwert abwich.

Zur zerstörungsfreien Messung der Zink- oder Zinnschichtdicke auf dem Stahlblech diente ein Permascop, Typ ES 2d 3 J 4a. Das Meßprinzip dieses Gerätes beruht darauf, daß bei verschieden dicken unmagnetischen Schichten die magnetische Kopplung zwischen zwei Spulen umgekehrt proportional zur Schichtdicke verändert wird. Folgende Anzeigebereiche können eingestellt werden:

I. 0 bis 30 μm
II. 20 bis 300 μm

Der maximale Meßfehler beträgt 2% des jeweiligen Skalenendwertes.

Zur Prüfung der Tragfähigkeit wurde neben dem Scherzugversuch auch der Kopfzugversuch angewandt. Die Höchstlast im Kopfzugversuch ist mittels einer selbstgebauten Vorrichtung (Abb. 4) in einer Universalprüfmaschine Klasse 1 nach DIN 51221 bestimmt worden. Alle Scherzugversuche und Kopfzugversuche wurden im 800-kp-Meßbereich mit einer Dehnungsgeschwindigkeit von 18 mm/min durchgeführt.

Die Korrosionsprüfung der Punktschweißverbindungen erfolgte nach DIN 50907 (Meeresklima). Das benutzte Prüfgerät zeigt Abb. 5.

Zur Registrierung der mit Thermoelementen gemessenen Temperatur während des Schweißens wurde ein 18-Kanal-Lichtstrahl-Oszillograph, Type Oscillofil E, herangezogen.
Für die qualitative und quantitative Analyse im Mikrobereich wurde eine Elektronen-Mikrosonde verwendet.

3. Versuchswerkstoffe

3.1 Aluminiumbleche

Die Versuche wurden an Blechen aus Reinaluminium Al 99,5, der Knetlegierung AlMg 3 und der aushärtbaren Aluminiumlegierung AlZnMg 1 durchgeführt. Die nach DIN 1712, DIN 1725 und Angaben der Aluminium-Werkstoffblätter [3] zulässigen Legierungsbestandteile und Beimengungen können Tab. 4 entnommen werden.
Eine Gegenüberstellung der physikalischen und mechanischen Eigenschaften der benutzten Aluminiumwerkstoffe zeigt Tab. 5. Die angegebenen Zugfestigkeiten stellen Mittelwerte von drei nach DIN 50114 geprüften Proben dar.
Alle Aluminiumbleche wurden als Tafeln der Größe 2000 mm × 1000 mm geliefert. Dabei befanden sich die 1 und 3 mm 99,5- und AlMg 3-Bleche im weichen, die 2 mm Bleche dagegen im halbharten Zustand. Das AlZnMg 1 war gewalzt und warm ausgehärtet. Die Dicke der Al 99,5- und der AlMg 3-Bleche betrug 1; 2 und 3 mm, die der AlZnMg 1-Bleche 1,2 und 2 mm.

3.2 Stahlbleche

Zur Verfügung standen Bleche aus unlegiertem Baustahl ohne und mit metallischen Beschichtungen. Die physikalischen und mechanischen Eigenschaften sowie chemischen Analysen sind in Tab. 6, die Beschichtungsmetalle und -dicken in Tab. 7 ausgewiesen. Die Ermittlung der Zugfestigkeit erfolgte nach DIN 50114.
Außer den feuerverzinnten Stahlblechen (Streifen von 1000 mm × 100mm × 2 mm) wurden alle Stahlbleche als Tafeln (2000 mm × 1000 mm) angeliefert.
Zum Flammspritzen der blanken Stahlbleche mit Reinstzinn bzw. Reinstzink wurden die Tafeln in Stücke von 240 mm × 100 mm Größe aufgeteilt und beidseitig (für das Nahtschweißen im *I*-Stoß) bzw. einseitig (zum Punktschweißen) mittels Sandstrahlen aufgerauht. Nach dem Aufbringen der Überzugsschicht wurden die Stahlbleche auf Probengröße geschnitten. Vor dem Schweißen erfolgte stets eine Dickenmessung der Spritzschicht an den zu verbindenden Flächen.

3.3 Zusatzwerkstoffe

Da beim Verbindungsschweißen von Aluminium und Stahl der Stahl praktisch nicht angeschmolzen werden darf, eignen sich als Zusatzwerkstoffe nur solche mit wesentlich niedrigerem Schmelzpunkt. Daher kamen artgleiche bzw. artähnliche Aluminiumzusatzwerkstoffe zum Einsatz.
Die nach DIN 1732 zulässigen Legierungsbestandteile und Beimengungen der benutzten AlSi 5- und AlMg 5-Drähte enthält Tab. 8. Der AlZnMn-Zusatzdraht ist nicht genormt.

Die ebenfalls in Tab. 8 angegebenen Werte sind Angaben der Herstellfirma. Die Abmessungen und Analysen der verwendeten Aluminiumzusatzstreifen und -drähte können den Tab. 4 und 7 entnommen werden.

4. Versuchsdurchführung

Beim Punktschweißen sind Oberblech (Aluminium) und Unterblech (Stahl) stets um 30 mm überlappt worden (Abb. 6g). Das Schweißgerät wurde von Hand mit der Elektrode in der Mitte der Überlappung auf das Aluminiumblech aufgesetzt.
Die Stromstärke konnte in Stufen von jeweils 10 bis 20 A und die Schweißzeit in Stufen von jeweils 1 s variiert werden. An Hand von Vorversuchen wurde der günstige Wolfram-Elektrodenabstand von der Blechoberfläche mit 2 mm und der Argonverbrauch mit 6,5 l/min ermittelt und bei den Versuchen konstant gehalten. Die Schweißspannung lag zwischen 16 und 22 V.
Bei jeder Einstellung wurden acht Proben geschweißt, drei davon im Scherzugversuch in Anlehnung an DIN 50124 und eine weitere im Kopfzugversuch geprüft. Außerdem wurde eine Probe im Abrollversuch untersucht, eine geröntgt und zwei weitere Proben sind zur Feststellung des Punktdurchmessers metallografisch untersucht worden. Zur Prüfung der Reproduzierbarkeit der Punktverbindungen wurden 17 Proben und zur Ermittlung der Reaktionstemperatur fünf Proben je Einstellung geschweißt. Die Abmessung der Aluminium- und Stahlbleche betrug 100 mm × 10 mm.
Die mechanisierte Nahtschweißung (Abb. 6a bis 6f) ermöglichte, sämtliche Schweißbedingungen sehr genau einzustellen und während des Schweißens auch konstant zu halten. Bei allen Nahtverbindungen betrug der Argonverbrauch 8 l/min, der Durchmesser der thorierten Wolframelektrode für 2 sowie 3 mm Aluminiumblechdicke jeweils 2,4 bzw. 3,2 mm. Das Schweißen der Stumpfnähte erfolgte nach der Anordnung in Abb. 6a und 6b, der Überlappnähte nach Abb. 6c, 6d, 6e und 6f.
Die überlappten Verbindungen hatten eine konstante Überlappungslänge von 15 mm. Zur besseren Stabilisierung des Lichtbogens sowie zur Vergrößerung der Bindeflächen wurde beim Schweißen mit Stahl als Oberblech ein Al-Zusatzstreifen der Abmessung 100 mm × 10 mm × 1 mm auf das Stahlblech sowie den Zusatzdraht gelegt (Abb. 6e und 6f).
Beim Nahtschweißen wurden Stromstärke und Schweißgeschwindigkeit in Stufen von jeweils 10 bis 20 A bzw. 5 cm/min variiert. Die Zug- und Faltversuche erfolgten an unbearbeiteten Nähten. Diese Prüfung entspricht den in der Literatur angegebenen Prüfbedingungen von Aluminium-Stahl-Verbindungen. Beim Faltversuch ist ein Biegedorndurchmesser von 10 mm, eine Stützweite von 80 mm und ein Auflagerollendurchmesser von 40 mm verwendet worden. Bei jeder Maschineneinstellung wurden den Nähten drei Zug- und drei Faltproben entnommen. Die Temperaturmessungen erfolgten an jeweils drei Proben je Einstellung. Die Probenabmessung betrug 110 mm × 100 mm.
Bei den überlappten Proben soll die Tragfähigkeit der Verbindung durch einen »Gütefaktor« beschrieben werden, da hierbei sinnvollerweise nicht von einer Scherzug-, Zug- oder Biegefestigkeit gesprochen werden kann. Der Gütefaktor G wird definiert:

$$G = \frac{P_{\max} \cdot 100}{\sigma_B \cdot F_0} \qquad [4]$$

Dabei bedeuten:

P_{max} = Höchstlast beim Zerreißen der Probe in kp
σ_B = Zugfestigkeit des Aluminiumgrundwerkstoffes in kp/mm^2
F_0 = ursprüngliche Querschnittsfläche des Aluminiumteiles in mm^2

Der Gütefaktor kennzeichnet den Ausnutzungsgrad der Festigkeit des Leichtmetall-Grundwerkstoffes.

5. Das WIG-Punktschweißen von Aluminium mit Stahl

Über das Punktschweißen von Aluminium mit Stahl ist im Zusammenhang mit dem Widerstandspunktschweißen in einer englischen [5] und einer russischen Veröffentlichung [6] berichtet worden. Für die punktförmige Verbindung mit dem Lichtbogen unter Schutzgas lagen bisher keine Erfahrungswerte vor.
Um die Notwendigkeit einer Beschichtung der Stahlbleche nachzuweisen, wurden zuerst unlegierte Aluminiumbleche mit Stahlblechen ohne metallische Beschichtung verschweißt. Obwohl die Aluminiumoberfläche gebeizt, die Schweißbedingungen in weiten Bereichen variiert, Wechsel- und Gleichstrom sowie unterschiedliche Polung des Schweißstromes benutzt wurden, ergab sich beim Scherzugversuch nur eine Belastbarkeit von 20 bis 50 kp/Pkt. Die Bindungen wiesen stets völlig unzureichende Festigkeiten und Zähigkeiten auf. Eine metallische Beschichtung auf dem Stahlblech ist somit beim Schmelzpunktschweißen notwendig.
Bei allen Versuchen mit Stahl als Oberblech konnten erwartungsgemäß keine Schweißungen erreicht werden. Die folgenden Ergebnisse beziehen sich daher ausschließlich auf die Anordnung mit Aluminium als Oberblech.

5.1 Einfluß der Stromstärke, Schweißzeit, Beschichtung und Dicke des Aluminiumbleches auf den Punktdurchmesser

Da bisher ein optimales Bestimmungsverfahren des Punktdurchmessers in der Fachliteratur nicht bekannt ist, wurden zunächst mehrere vom Widerstandspunktschweißen her bekannte Methoden in ihrer Genauigkeit geprüft und die Ergebnisse verglichen. Die Durchmesser sind dabei von drei Proben je Einstellung im Schliff und von jeweils einer Probe je Einstellung mittels Röntgenaufnahme, Kopfzug- sowie Abrollversuch festgestellt worden. Hierbei stellte sich heraus, daß bei den zerstörungsfreien aber kostspieligen sowie zeitraubenden Röntgenbildmessungen meist nicht der wahre, sondern ein zu kleiner Durchmesser bestimmt wurde. Den Durchmesser mittels Schieblehre am ausgeknöpften Punkt oder der Bruchfläche zu ermitteln, ergab Fehler auf Grund der Abweichungen von der runden Form. Da das Ausmessen der Punktdurchmesser im Schliff, und zwar unter dem Mikroskop bei 10facher Vergrößerung, mit einer entschieden größeren Genauigkeit verbunden ist, gleichzeitig eine metallografische Prüfung der Verbindung vorgenommen werden kann und zusätzlich auch die Punktform (Abb. 7) mit allen zugehörigen Durchmessern zu erkennen ist, wurden bei den Untersuchungen nur Punktdurchmesser berücksichtigt, die nach der letztgenannten Methode festgestellt worden waren.

Abb. 8 gibt die Streubereiche der aus dem Schliffbild ermittelten Punktdurchmesser in Abhängigkeit von der Stromstärke für die zwölf untersuchten Werkstoffkombinationen wieder. Es ist jeweils der größte und der kleinste Durchmesser *d* (Abb. 7) von drei Proben aufgetragen. Durch schwarze Punkte sind die Einstellungen gekennzeichnet, bei denen der flüssige Aluminiumwerkstoff infolge zu großer Wärmezufuhr aus dem Schmelzbad herausspritzt und sich somit ein Schweißpunkt mit schlechter Oberfläche ergibt. Die jeweils konstant gehaltene Schweißzeit ist an Hand von Vorversuchen als günstig ermittelt worden. Die Streubereiche bei den einzelnen Werkstoffkombinationen haben ungefähr die gleiche Lage und Größe. Sie ergeben sich durch Veränderungen der Stromstärke und Unregelmäßigkeiten in der Schichtdicke, die von dem Beschichtungsverfahren abhängen.

In Abb. 9 sind die Mittelwerte der drei in Schliffen ermittelten Punktdurchmesser pro Einstellung über der Stromstärke aufgetragen. Für alle Kombinationen kann festgestellt werden, daß eine lineare Abhängigkeit zwischen Erhöhung der Stromstärke und Zunahme des Punktdurchmessers besteht. Die Legierungselemente im Aluminium und damit Schmelzpunkt, Schmelzwärme und Wärmeleitfähigkeit der benutzten Aluminiumwerkstoffe (Tab. 5) üben einen wesentlichen Einfluß auf die Schweißzeit aus. Durch Verringerung z. B. der Wärmeleitfähigkeit mit zunehmendem Legierungsgehalt werden die Wärmeverluste an der Schweißstelle verkleinert. Dies wird durch die Abnahme der in Vorversuchen ermittelten günstigen Schweißzeiten von 5 s bei Al 99,5 auf 4 s bei AlMg 3 bzw. 3 s bei AlZnMg 1 belegt. Wie ein Vergleich der Diagrammreihen zeigt, bleibt die Steigung der Geraden bei den verschiedenen Aluminiumwerkstoffen etwa konstant. Für die Größe des Punktdurchmessers sind insbesondere das Beschichtungsverfahren und der Beschichtungswerkstoff von Bedeutung. Eine spritzverzinkte Schicht weist gegenüber einer galvanischen eine größere Steigung der Geraden auf. Im Vergleich zu feuerverzinkten Stahlblechen ist bei Verwendung von feuerverzinnten Stahlblechen wegen der geringen Wärmeleitfähigkeit von Zinn und der damit verbundenen Wärmekonzentration an der Schweißstelle eine schnelle Zunahme des Punktdurchmessers in Abhängigkeit von der Stromstärke gegeben.

Abb. 10 zeigt den Einfluß der Schweißzeit auf den Punktdurchmesser bei sonst konstanten Maschineneinstellungen und gleich dicken Aluminiumblechen. Die Stromstärke wurde mit 220 A etwas niedriger als der Optimalwert gewählt, damit mit längeren Schweißzeiten gearbeitet werden konnte, ohne daß ein Verspritzen des Al-Schmelzgutes erfolgte. Bei allen untersuchten Kombinationen läßt sich die Tendenz erkennen, daß der Punktdurchmesser mit zunehmender Schweißzeit zunächst linear ansteigt und sich schließlich asymptotisch einem Grenzwert nähert. Dieser wird bei Al 99,5 nach 6 s und bei AlMg 3 sowie AlZnMg 1 nach etwa 4 s erreicht. Die zugehörigen Punktdurchmesser betragen 8,5 bzw. 8,0 mm. Festigkeitsuntersuchungen, Abschnitt 5.2, zeigen, daß bei den genannten Schweißzeiten optimale Verbindungen zu erreichen sind.

Dieses Ergebnis läßt sich darauf zurückführen, daß die Temperatur an der Stahloberfläche nach einem schnellen Anstieg kurzzeitig konstant bleibt (Abschnitt 7.2). Diese Erscheinung kann durch einen Gleichgewichtszustand der zu- und abgeführten Wärmemenge erklärt werden. Die unterschiedlichen Grenzwerte der Schweißzeiten sind – wie schon im Zusammenhang mit Abb. 9 behandelt – durch den Einfluß der Legierungsbestandteile im Aluminiumwerkstoff hervorgerufen worden.

Versuche mit Blechen von 2 mm Dicke zeigen, daß die in Abb. 9 vorliegende lineare Abhängigkeit des Punktdurchmessers von der Stromstärke auch bei dickeren Blechen vorhanden ist (Abb. 11). Die Unabhängigkeit der Steigung der Geraden vom Aluminiumwerkstoff bei gleicher Beschichtung ist in den beiden unteren Diagrammen zu erkennen. Bei Anwendung hoher Stromstärken und langer Schweißzeiten liegen die Punktdurch-

messer in derselben Größenordnung wie bei den 1 mm dicken Blechen. Der Anstieg der Geraden nimmt mit der Blechdicke zu. Dies läßt sich durch eine Energiebilanz bei Betrachtung der verwendeten Schweißwerte erklären.
Um den Einfluß der Schichtdicke festzustellen, wurden spritzverzinkte Schichten zwischen 20 und 250 μm auf das Stahlblech aufgebracht. Die ermittelten Abhängigkeiten zeigt Abb. 12. Man erkennt, daß der Punktdurchmesser seinen größten Wert unabhängig von der Art des Aluminiumwerkstoffes schon bei einer 30 μm dicken Beschichtung erreicht. Mit dicker werdender Schicht ist der Verlauf der Durchmesserkurven auf Grund der Legierungsunterschiede des Aluminiums nicht gleichmäßig. Die Abweichungen lassen sich auf die verschiedene Zusammensetzung des Schmelzgutes sowie die Differenz in den Reaktionstemperaturen zwischen dem flüssigen Aluminium und dem festen Stahl zurückführen (Abschnitt 7.2).

5.2 Abhängigkeit der ermittelten Höchstlast im Scherzug- bzw. Kopfzugversuch von Stromstärke, Schweißzeit und Beschichtung

Die im folgenden angegebenen Höchstlasten entsprechen beim Scherzugversuch dem Mittelwert von drei Proben, beim Kopfzugversuch dem Ergebnis der Prüfung einer Probe.
In Abb. 13 sind die Abhängigkeiten der jeweils ermittelten Höchstlasten von der Stromstärke wiedergegeben. Alle Kurven haben einen etwa parabelförmigen Verlauf. Bei Erhöhung der Stromstärke vergrößert sich zunächst die Bindefläche und damit die Höchstlast durch Zunahme des Punktdurchmessers bis zu einem Maximum zwischen 150 und 200 A je nach Werkstoffkombination und Beschichtung. Anschließend tritt bei höheren Stromstärken ein Verspritzen des Schweißgutes und damit eine Verminderung der Tragfähigkeit der Verbindung auf. Bei Al 99,5 zeigten die Höchstlasten beider Prüfmethoden kaum einen Unterschied; dies gilt unabhängig vom Überzugswerkstoff, von der Beschichtungsart und -dicke. Bei den magnesiumhaltigen Aluminiumlegierungen sind jedoch die Höchstlasten bei verzinnten Stahlblechen bis zu 150 kp höher als bei verzinkter Stahloberfläche. Dies läßt sich dadurch erklären, daß durch die bessere Wärmeleitfähigkeit und den niedrigeren Schmelzpunkt von Zinn bei gleichzeitig schlechter Wärmeleitfähigkeit von AlMg 3 gegenüber Reinaluminium ein größerer »Löteffekt« entsteht. Bei gleichem Schweißpunktdurchmesser (Abb. 9) tritt bei verzinnten Stahlblechen eine größere Erschmelzungszone der Beschichtung um den Schweißpunkt herum auf als bei verzinkten Blechen. Ein »Löteffekt« kann daher angenommen werden. Diese Erscheinung ist auf Röntgenbildern und an Scherflächen von Schweißproben festzustellen.
Versuche an Aluminiumblech mit 2 mm Dicke weisen nach, daß die in Abb. 13 vorliegende parabelförmige Abhängigkeit der Höchstlast von der Stromstärke auch bei dickeren Blechen vorhanden ist (Abb. 14). Der ansteigende Ast der Kurven verläuft bei größeren Blechdicken steiler. Der Arbeitsbereich für die Stromstärke wird dadurch enger.
Die Höchstlast pro Punkt im Scherzug- und Kopfzugversuch steigt zunächst mit zunehmender Schweißzeit schnell an und nähert sich dann asymptotisch einem Grenzwert. Dieser wird bei Al 99,5 nach 6 bis 7 s, AlMg 3 nach 4 s, AlZnMg 1 nach 5 s erreicht.
Die Bestimmung der Abhängigkeit der Scherzugkraft von der Art und Dicke der Beschichtung (Abb. 15) ist an Proben mit Überzugsdicken von 20 bis 290 μm erfolgt, die unter den in Tab. 9 ausgewiesenen Bedingungen geschweißt wurden. Für die verschiedenen Kombinationen ist der zugehörige Verlauf der Kurven unterschiedlich.

Übereinstimmend lassen sich jedoch bei Beschichtungen von 20 bis 40 µm Dicke stets Bestwerte erzielen. Nach Abb. 12 sind dabei die Punktdurchmesser bei gleichen Schweißbedingungen nur wenig von der Dicke der Schicht beeinflußt.
Einen Überblick über die im Scherzugversuch erreichten maximalen Höchstlasten und zusätzlich einen Vergleich mit den nach LTF [7] vorgeschriebenen Mittelwerten enthält Tab. 9. Man sieht, daß die LTF-Anforderungen bei allen WIG-geschweißten Kombinationen mit 1 bzw. 1,2 mm dickem Aluminiumblech – ausgenommen 1,2 mm AlZnMg 1 – galvanisch verzinkter Stahl – übertroffen werden. Dieses Ergebnis hat auch bei Verwendung von 2 bzw. 3 mm dickem Al-Blech Gültigkeit, wenn mit Überzugsdicken $> 4\,\mu m$, d. h. nicht mit galvanischen Beschichtungen, gearbeitet wird. Kombinierte Spritzschichten aus Zink und Zinn führen nur bei den verwendeten Aluminiumlegierungen zu einer Verbesserung der Festigkeit pro Punkt.

5.3 Rechnerische Behandlung der Abhängigkeiten von Punktdurchmesser, Punktfläche und Scherzugkraft als Funktion der Stromstärke

In Abschnitt 5.1 wurde nachgewiesen, daß in einem bestimmten Bereich eine lineare Abhängigkeit zwischen Erhöhung der Stromstärke und Zunahme des Punktdurchmessers besteht. Der Anstieg der Geraden ($d = f(I)$) ist abhängig von der Blechdicke, dem Beschichtungswerkstoff und der Beschichtungsart.
Für die Berechnung des schwächsten, tragenden Querschnitts muß die Stelle des Versagens bekannt sein. Daher wurde zwischen Verbindungen unterschieden, die nach dem Zerreißversuch abscherten oder ausknöpften.
Scheren die Punkte in der Bindefläche ab, ist die tragende Fläche F_1 gleich der Kreisfläche mit dem Punktdurchmesser d

$$F_1 = \frac{\pi}{4} d^2 \tag{1}$$

Knöpft der Punkt dagegen aus, so muß die Bezugsfläche F_2 folgendermaßen definiert werden:

$$F_2 = \pi \cdot d \cdot S_B \tag{2}$$

wobei S_B = Aluminiumblechdicke in mm bedeutet.

Zur Ermittlung der Scherzugkraft und Scherzugfestigkeit als Funktion der Stromstärke wurde die Rechnung mit Hilfe einer elektronischen Rechenanlage, Typ CD 6400, weitergeführt unter der Bedingung: Die Summe der Abstandsquadrate zwischen Meßwerten und Ausgleichskurve

$$a_0 X^2 + a_1 X + a_2 = g \tag{3}$$

soll ein Minimum werden.

Der in Abb. 16 gezeigte Festigkeitsverlauf läßt sich darauf zurückführen, daß bei der Erhöhung der Stromstärke und entsprechenden Vergrößerung der Punktfläche bis zum optimalen Bereich zwischen 130 und 150 A eine Bindung mit günstigeren Festigkeitseigenschaften entsteht, anschließend aber bei noch höheren Werten eine Verminderung der spezifischen Tragfähigkeit der Verbindung auftritt. Die Tragfähigkeit nimmt insgesamt noch weiter zu, da der Punktdurchmesser mit wachsender Stromstärke bis zur Höchstlast größer wird. Die Erscheinung, daß unterhalb des optimalen Schweißbereiches etwa konstante Festigkeitswerte und oberhalb dieses Bereiches mit zunehmender Stromstärke ein Abfall der Festigkeit auftritt, weisen alle Werkstoffkombinationen auf (Abb. 17).

5.4 Abhängigkeit der ermittelten Scherzug- bzw. Zugfestigkeit der Punkte von der Stromstärke, Beschichtung und Aluminiumblechdicke

Da die gleichen Kombinationen und das gleiche Auswerteschema bei der Ermittlung des Punktdurchmessers sowie der Höchstlasten im Scherzug- bzw. Kopfzugversuch in Abhängigkeit von der Stromstärke, Beschichtung und Aluminiumblechdicke verwendet wurden, ist die Punktfestigkeit in der Weise festgestellt worden, daß die in Abschnitt 5.2 ermittelten Höchstlasten durch die jeweiligen tragenden Schwachstellen-Querschnitte dividiert wurden. Da die Verbindungen beim Zerreißversuch mehrere Bruchارten zeigten, sind in den Abb. 17 und 18 die Punkte, die abscherten oder ausknöpften, besonders gekennzeichnet. Wegen der kleineren, tragenden Querschnittsfläche beim Ausknöpfen, Abschnitt 5.3, werden rechnerisch höhere Festigkeiten für dieselbe Höchstlast erzielt als beim Abscheren. Aus Sicherheitsgründen muß immer die geringste Festigkeit einer Verbindung berücksichtigt werden. Da beim Abscheren die geringere Festigkeit erreicht wird und diese die am meisten auftretende Bruchart ist, erfolgt in den weiteren Ausführungen eine kritische Betrachtung der Festigkeit von Punkten, die nach dieser Art brechen. Für die Höhe der Scherzug- bzw. Zugfestigkeit einer Verbindung ist die Beschichtung von ausschlaggebender Bedeutung (Abb. 17 und 18). Bei günstigen Schweißbedingungen (vgl. Abb. 13) sind für alle Aluminiumwerkstoffe die niedrigsten Festigkeitswerte erwartungsgemäß bei dem sehr dünnen galvanischen Überzug festgestellt worden. Für 1 mm dickes Aluminiumblech beträgt die Scherzugfestigkeit 2,8 bis 3,2 kp/mm². Eine dicke, poröse Beschichtung (spritzverzinkt) ergibt gegenüber einem dünnen, dichten Überzug (galv. verzinkt) eine höhere Zugfestigkeit (3,0 bis 3,6 kp/mm² gegenüber 1,9 bis 2,4 kp/mm²). Bei Verwendung von feuerverzinnten bzw. -verzinkten Stahlblechen, d. h. bei der gleichen Überzugsart, ist bei einer Zinnschicht eine größere Scherzugfestigkeit bei den verwendeten Aluminiumlegierungen gegeben (4,9 bis 5,4 kp/mm² gegenüber 3,9 bis 4,6 kp/mm²).
Bei 2 mm dicken Aluminiumwerkstoffen wurden Scherzugfestigkeiten von 7 bis 8 kp/mm² erzielt. Dies läßt sich auf eine niedrigere Schmelzbadtemperatur zurückführen.
Durch Legierungsbestandteile im Aluminium ist eine Festigkeitserhöhung von etwa 400% gegenüber Reinaluminium zu erzielen. Bei Schweißverbindungen dieser Legierungen mit Stahl ist im Vergleich zu Al 99,5 trotzdem kaum ein Unterschied zu erkennen.

5.5 Reproduzierbarkeit der geschweißten Punktverbindungen

Bei den statistischen Untersuchungen zur Ermittlung der Reproduzierbarkeit der Aluminium-Stahl-Verbindungen sind die LTF-Vorschriften [7] für Punktverbindungen nach dem Widerstandsschweißen für artgleiche Aluminiumwerkstoffe zum Vergleich herangezogen worden.
In Abb. 19 sind die Forderungen nach LTF für punktgeschweißte Verbindungen von 1 mm Al 99,5 den Ergebnissen des Scherzugversuches der Kombination: 1 mm Al 99,5 – 2 mm spritzverzinkter Stahl gegenübergestellt. Die Summengerade, die sich für diese Kombination ergibt, liegt erheblich über der nach LTF für das WIG-Schweißen vorgeschriebenen. Die Standardabweichung bei Al 99,5 – 2 mm spritzverzinkter Stahl ist größer. Sie beträgt etwa 10% bezogen auf die mittlere Scherzugkraft gegenüber ca. 7% nach LTF. Mit Sicherheit sind jedoch alle Einzelergebnisse der Scherzugfestigkeitsprüfung beim WIG-Punkten von Aluminium mit Stahl besser als nach LTF gefordert.

5.6 Korrosionsprüfung

Da bei der Verbindung von verschiedenen Metallen, die im periodischen System weit auseinanderliegen, oft die Frage gestellt wird, ob die Schweißung korrosionsfest ist, wurden mehrere Proben einer Korrosionsprüfung nach DIN 50907 unterworfen. Gewählt wurde die Kombination: 1 mm Al 99,5 – 2 mm spritzverzinkter Stahl. Die Überzugsdicke auf dem Stahlblech wurde stufenweise zwischen 30 und 240 μm variiert, um feststellen zu können, ob ein Korrosionseinfluß in bezug auf die Scherzugfestigkeit der Verbindung vorliegt. Die untersuchten Proben waren mit einer Stromstärke von 180 A und einer Schweißzeit von 5 s geschweißt worden. Sie wurden 30 Tage nachgeahmtem Meeresklima ausgesetzt.

Auf der Probenoberfläche setzte sich festhaftender weißer Niederschlag aus NaCl fest. Die nicht verzinkte Stahloberfläche zeigte einen starken Rostansatz. Ein direkter Einfluß der Lösung auf die Punktverbindung war äußerlich, auch nach Entfernen des weißen Belages durch Waschen und Bürsten unter heißem Wasser, nicht festzustellen.

Die ermittelte Scherzugkraft betrug für die Proben mit 30 μm Zinküberzug 155 kp/Pkt. (Mittelwert von zwölf Proben), für die mit 110 μm Zinküberzug 166 kp/Pkt. (Mittelwert von drei Proben) und die mit 240 μm 196 kp/Pkt. (Mittelwert von drei Proben). Diese Werte wurden mit den entsprechenden Ergebnissen von Scherzugversuchen an Proben verglichen, die keinem Korrosionstest unterworfen waren, Abb. 15. Bei den verschiedenen Überzugsdicken beträgt der Unterschied in der Scherzugkraft 3 bzw. 5 kp/Pkt. Weil die Mittelwerte so geringfügig voneinander abweichen, kann als Ergebnis dieser Korrosionsprüfung festgestellt werden, daß die Scherzugfestigkeit der untersuchten Aluminium-Stahl-Verbindungen durch das Meeresklima in einem Prüfzeitraum von 30 Tagen nicht beeinflußt wurde.

Auch die Korrosionsversuche der Nahtverbindungen, die sich über längere Zeiträume erstreckten [8, 9, 10, 11], bestätigten die beim Punktschweißen festgestellte Korrosionsbeständigkeit der Schweißungen.

6. Das WIG-Nahtschweißen von Aluminium mit Stahl

6.1 Einfluß der Beschichtung auf die Festigkeitseigenschaften der Verbindung

Das Nahtschweißen von unlegierten Aluminium- und Stahlblechen ohne metallischen Überzug ergibt wie beim Punktschweißen, Abschnitt 5, keine brauchbare Verbindung. Auch die metallurgische Beeinflussung des Schmelzbades durch die Legierungsbestandteile Silizium, Magnesium bzw. Zink und Mangan im Zusatzdraht bleibt erfolglos.

In weiteren Versuchen wurde der Einfluß eines Zinküberzuges auf dem Stahlblech ermittelt. Die Überzugsdicke auf der Oberfläche des feuerverzinkten Stahlbleches (2 mm) betrug 20 μm. Als Zusatzwerkstoff wurden AlSi 5- und AlMg 5-Drähte (3 mm Durchmesser) verwendet. Die bei einer Stromstärke von 90 A und einer Schweißgeschwindigkeit von 22 cm/min geschweißten Verbindungen (*I*-Stoß) ergaben Zugfestigkeitswerte von 3,2 bis 3,5 kp/mm² für beide benutzte Zusatzdrähte. Durch zusätzliches Verzinken der Stoßfläche des Stahlbleches konnten die Zugfestigkeiten auf 6,0 bis 6,3 kp/mm² gesteigert werden. Der Bruch trat im Schweißgut auf.

Die Eignung aufgespritzter Schichten für die Schweißung wurde bei Stahlblechen, die mit einem Überzug aus gespritztem Zink von 60 µm versehen worden waren, mit Reinaluminium untersucht. Die Beschichtung befand sich dabei auf der Blechoberfläche sowie an der Stoßfläche des Stahles. Die höchstmögliche, jedoch immer noch unzureichend niedrige Festigkeit von 2,3 kp/mm² konnte nur beim Verwenden des hochzinkhaltigen Zusatzdrahtes AlZnMn ermittelt werden. Eine vorausgehende Wärmebehandlung des spritzverzinkten Stahlbleches bei 230 °C mit einer Haltezeit von einer Stunde ermöglicht bessere Ergebnisse. Die Zugfestigkeiten der Verbindungen lagen zwischen 8,0 und 8,5 kp/mm². Der Bruch trat im Aluminiumgrundwerkstoff auf. Der Biegewinkel war allerdings gering und betrug etwa 30°. Der spröde AlZnMn-Draht erträgt nur kleine plastische Verformungen.

Da die Punktschweißversuche von galvanisch verzinktem Stahl mit Aluminiumblechen mit mehr als 1 mm Dicke bewiesen haben, daß die Überzugsdicke von 4 µm für eine gute Verbindung nicht ausreichend ist, wurden beim Nahtschweißen nur noch feuerverzinkte und -verzinnte Stahlbleche verwendet. Die Beschichtung wurde dabei sowohl auf die Stahloberfläche als auch an den Stoßflächen aufgetragen. Die Überzugsdicke betrug für Zink 20 µm und für Zinn 30 µm (Anlieferungszustand).

6.2 Ermittlung der optimalen Bedingungen beim Schweißen im Stumpfstoß

Beim Schweißen im Stumpfstoß von verschiedenen Aluminiumwerkstoffen mit feuerverzinntem sowie feuerverzinktem Stahl wurde mit Aluminiumzusatzstreifen (Abb. 6b) gearbeitet. Hierdurch konnten trotz geringeren Argonschutzes bessere Ergebnisse erzielt werden. Durch den Streifen wird ein Wegschwemmen des Überzuges beim Schweißvorgang vermieden. Die Dicke des Aluminium- bzw. Stahlbleches betrug 2 mm. Streifen von 1 und 1,5 mm Dicke und von 8 mm Breite sind verwendet worden. Die Schweißung erfolgte beidseitig, wobei die Einstellungen für beide Seiten gleich waren. Die chemische Zusammensetzung des Zusatzes entsprach der des Aluminiumgrundwerkstoffes.

Abb. 20 zeigt die erzielten Zugfestigkeiten und Biegewinkel beim Verbinden von feuerverzinntem Stahl mit Al 99,5. Eine maximale Zugfestigkeit wurde bei 140 A erreicht (Abb. 20a). Für alle geschweißten Nähte im Bereich der Stromstärke zwischen 120 und 150 A betrug der Biegewinkel 180° (in beiden Richtungen). In der nächsten Versuchsreihe, Abb. 20b, ist die Stromstärke von 130 A und die Schweißgeschwindigkeit von 38 cm/min konstant gehalten und der Elektrodenabstand von der Aluminiumstoßkante l_1 variiert worden. Hierbei stellte sich heraus, daß in dem großen Bereich von $+1$ bis $+3$ mm auf der Aluminiumblechseite ein Biegewinkel von 180° zu erreichen war. Wenn die Elektrode auf der Stoßkante (Nahtfuge) geführt wird ($l_1 = 0$), hat die Verbindung nahezu keine Festigkeit.

Außerdem wurde $I = 130$ A und $l_1 = 2$ mm konstant gehalten und die Schweißgeschwindigkeit zwischen 22 und 43 cm/min variiert (Abb. 20c). Alle Werte der Zugfestigkeit liegen zwischen 7,0 und 8,2 kp/mm², was der Zugfestigkeit des Reinaluminiums entspricht. Gleichzeitig ergibt sich der maximal mögliche Biegewinkel von 180°. Die Bruchstelle der zerrissenen Proben lag im Aluminiumgrundwerkstoff, etwa 5 bis 8 mm von der Stahlstoßkante entfernt.

Das Schweißen von AlMg 3 mit feuerverzinntem Stahlblech zeigt, daß eine Verbindung höherer Festigkeit möglich ist. Zugfestigkeiten von 21 kp/mm² bei 180° Biegewinkel wurden erzielt, dabei trat der Bruch in der Naht auf. Auch hier muß die Elektrode in 2 mm Abstand auf dem Aluminiumblech geführt werden. Die günstigste Schweißgeschwindigkeit lag bei 40 cm/min.

Verbindungen von AlZnMg 1 mit feuerverzinntem Stahl erreichen ebenfalls Zugfestigkeiten von 21 kp/mm² bei einem Biegewinkel von 180°. Der günstigste Abstand l_1 beträgt für diese Werkstoffkombination +3 mm und die Schweißgeschwindigkeit 50 cm/min.
Um den Einfluß des Beschichtungswerkstoffes auf die Nahteigenschaften zu ermitteln, wurden vergleichende Versuche mit feuerverzinkten Stahlblechen durchgeführt. Die Schweißbedingungen sind Tab. 10 zu entnehmen. Die Ergebnisse lassen erkennen, daß eine Beschichtung aus Zink gegenüber einer solchen aus Zinn bei Reinaluminium keine nennenswerten Unterschiede, dagegen bei AlMg 3 eine etwas niedrigere Festigkeit der Verbindung ergibt, Tab. 10.

6.3 Ermittlung der Aushärtetemperatur und Glühdauer von Verbindungen zwischen AlZnMg 1 und Stahl

Die aushärtbare Aluminiumlegierung wurde mit feuerverzinntem und -verzinktem Stahl im Stumpfstoß beidseitig geschweißt. Die Blechdicke betrug für AlZnMg 1 und für Stahl 2 mm. Als Zusatzwerkstoffe dienten AlSi 5- und AlMg 5-Drähte mit jeweils 3 mm Durchmesser. Vor der technologischen Prüfung erfolgte sowohl nach zweitägiger Kaltlagerung eine Wärmebehandlung der Proben im Ofen bei der in Vorversuchen ermittelten günstigen Temperatur von 130 °C bei einer Glühdauer von 8, 24 bzw. 48 Stunden als auch eine fünftägige Kaltlagerung bei Raumtemperatur.
Beim Schweißen mit AlSi 5-Draht sind Biegewinkel von 180° nur bei einer Kaltlagerung von 5 Tagen bei Raumtemperatur sowie bei einer Warmlagerung von 24 h zu erzielen. Die maximale Zugfestigkeit beträgt etwa 18 kp/mm². Schweißungen mit AlMg 5-Draht ergaben Biegewinkel von 180° für alle untersuchten Haltezeiten. Die optimalen Festigkeitswerte von ca. 24 kp/mm² wurden ohne Wärmenachbehandlung nach fünftägiger Kaltlagerung bei Raumtemperatur erreicht. Hieraus geht hervor, daß eine Warmlagerung der Nähte für beide benutzten Zusatzdrähte keine Vorteile, sondern unter Umständen sogar Nachteile bringt.
Vergleichende Versuche an verzinktem Stahlblech zeigten, daß die festgestellten Haltezeiten auf diese Kombination nicht übertragbar sind. Eine Wärmenachbehandlung der Nähte bei 130 °C ist für mindestens 24 h notwendig, um einen Biegewinkel von 180° zu erhalten. Die Zugfestigkeit der Verbindung erreicht hierbei mit den silizium- und magnesiumhaltigen Drähten 19 bzw. 28 kp/mm².

6.4 Einfluß der Legierungsbestandteile im Zusatzwerkstoff auf die Nahtfestigkeit und -zähigkeit

Der Einfluß der Legierungsbestandteile im Zusatzwerkstoff auf die Nahtfestigkeit und -zähigkeit wurde beim Schweißen von Al 99,5- und AlMg 3- mit feuerverzinkten Stahlblechen im Überlappstoß mittels Kehlnaht untersucht. Die Dicke der Bleche betrug 3 mm und die Dicke des Überzuges auf dem Stahlblech 20 μm. Die Versuche wurden an einseitigen Schweißungen mit aufgelegten Zusatzdrähten aus AlSi 5, AlMg 5 und AlZnMn ausgeführt (Abb. 6d, 6e, 6f). Als Vergleichsbasis dienten Versuche ohne Zusatzdraht. Dabei schmolz die Stirnfläche des Aluminiumbleches an, Abb. 6c.
In Abb. 21 sind die Ergebnisse der Zug- und Biegeprüfung der geschweißten Nahtverbindungen für die Kombination Al 99,5 als Oberblech und feuerverzinkter Stahl als Unterblech mit sowie ohne Zusatzdraht wiedergegeben. Die siliziumhaltigen Drähte ergeben, wie beim Schweißen ohne Zusatzwerkstoff, einen großen Arbeitsbereich der Stromstärke, der Schweißgeschwindigkeit und des seitlichen Abstandes der Elektrode

vom Ende des Aluminiumfügeteiles. Die magnesiumhaltigen Drähte bewirken eine Einengung des Schweißbereiches, obwohl noch Biegewinkel von 180° und Gütefaktoren (Abschnitt 4) von 100% zu erreichen sind. Diese Tendenz ist bei Drähten, die mit Zink und Mangan legiert sind, noch ausgeprägter. Die Biegewinkel sind wegen der Sprödigkeit des AlZnMn-Drahtes sehr gering. Bei den Schweißverbindungen, die unter optimalen Bedingungen erstellt wurden, trat im Zerreißversuch der Bruch stets neben der Naht, in der wärmebeeinflußten Zone im Aluminium auf ($G = 100\%$). An der gleichen Stelle verformte sich bevorzugt die Faltprobe. Da der Stahl beim Schweißen im festen Zustand bleiben muß, läßt sich bei einer Anordnung der Bleche mit Aluminium als Unterblech nicht vermeiden, daß größere Mengen an Zusatzwerkstoff gebraucht werden. Bei dieser Anordnung machte sich ebenfalls der Einfluß der Legierungsbestandteile im Zusatzwerkstoff auf die Nahteigenschaften bemerkbar. Wie beim Schweißen in der umgekehrten Lage der Bleche wurden die besten Ergebnisse mit dem Draht AlSi 5 erzielt. Obwohl beim Verwenden magnesiumhaltiger Drähte Biegewinkel von 180° zu erreichen waren, lag der Gütefaktor nur bei ca. 35%. Noch schlechtere Ergebnisse brachte die Schweißung mit dem AlZnMn-Draht. Der Gütefaktor betrug maximal 24% bei Biegewinkel um 10°.

Die Eignung der verwendeten Zusatzdrähte beim überlappten Nahtschweißen von Aluminium mit feuerverzinktem Stahl nimmt von AlSi 5 über AlMg 5 zu AlZnMn hin ab. Die Gründe hierfür sind:

a) die Dicke der intermetallischen Zwischenschicht ist beim Verwenden des siliziumhaltigen Drahtes am kleinsten, verglichen mit den anderen, wie in Abschnitt 6.5 und 7.3 erläutert wird,
b) der Temperaturanstieg in der Naht, gemessen auf der Stahloberfläche (Abb. 31–33), zwischen erstem und letztem Thermoelement, d. h. für 70 mm Nahtlänge, beträgt beim Siliziumdraht 28 °C und nimmt zu auf 35 °C beim Magnesiumdraht und erreicht seinen Höchstwert von 177 °C beim AlZnMn-Draht (Tab. 11),
c) ein Zinkgehalt von ca. 42% und Mangangehalt von 4,3% fördert die Entstehung der spröden, ternären T_1-Phase im Dreistoffsystem AlZnMn (s. Abschnitt 7.3). Die festgestellte Härte dieser Phase beträgt mehr als das 10fache des Reinaluminiums (HV0,05 = 320 kp/mm²).

Längsrisse, die die Naht unbrauchbar machen, sind dadurch zu vermeiden, daß bei einseitiger Schweißung die Wolframelektrode auf dem Aluminiumblech in einem Abstand von etwa 2 mm geführt wird und bei beidseitiger Schweißung zuerst die Naht mit Aluminium als Oberblech gelegt wird.

6.5 Einfluß der Legierungsbestandteile im Zusatzwerkstoff sowie der Schweißgeschwindigkeit auf die Zwischenschichtdicke

Da die Nahteigenschaften von der Ausbildung intermetallischer Phasen abhängen, ist untersucht worden, welchen Einfluß die Legierungsbestandteile Silizium und Magnesium im Zusatzdraht sowie die verfahrensbedingte Einflußgröße der Schweißgeschwindigkeit auf die Dicke dieser Schichten ausüben. Für diese Untersuchungen wurden Schweißverbindungen zwischen Reinaluminium und feuerverzinktem Stahl im Stumpfstoß hergestellt und dabei AlSi 5- bzw. AlMg 5-Drähte verwendet. Wie aus den beiden Diagrammen in Abb. 22 zu entnehmen ist, bewirkt die Vergrößerung der Schweißgeschwindigkeit bei sonst konstanten Bedingungen eine Verringerung der intermetallischen Schichtdicke. Die zugeführte Wärmemenge pro Längeneinheit wird mit zunehmender Schweißgeschwindigkeit kleiner. Bei gleicher Schweißgeschwindigkeit sind bei AlSi 5-Draht dünnere Schichten als bei einem AlMg 5-Draht zu erzielen. Das entspricht den Angaben in der Literatur, wonach Silizium eine hemmende Wirkung auf die Diffusion von Aluminium in Stahl ausübt [12]. Beim Schweißen von Aluminium mit Stahl wird die intermetallische Zwischenschicht dadurch kleiner, daß Silizium das Gebiet des Auftretens der η-Phase (Fe_2Al_5) einengt [17, 13, 14]. Diese metallografisch festgestellten Tendenzen wurden bei den Elektronen-Mikrosonden-Untersuchungen bestätigt.

7. Metallurgische Reaktionen und Diffusionsvorgänge

7.1 Metallografische Untersuchungen

Die charakteristische Ausbildung der Verbindungszone beim WIG-Schweißen von Aluminium- mit Stahlblech zeigen Abb. 23 und 24. Die Stahloberfläche wird, wie gewünscht, wegen des Zinküberzuges durch den Lichtbogen nicht aufgeschmolzen und erscheint somit in der Schliffaufnahme als Gerade.

Bei Punktverbindungen zwischen spritzverzinkten Stahlblechen und Reinaluminium ergibt sich eine dünne Verbindungszone gleichmäßiger Dicke. Aus dieser intermetallischen Schicht wachsen charakteristische Nadeln in das Aluminium hinein, Abb. 25. Mit zunehmender Überzugsdicke der Stahlbleche tritt eine breitere Verbindungszone auf. Ebenfalls entstehen mehr Nadeln, die meist in das Aluminium hineinwachsen. Elektronen-Mikrosonden-Untersuchungen (Abschnitt 7.3) haben nachgewiesen, daß diese Nadeln einen hohen Eisenanteil von 23% haben.

Einen Eindruck von der Verbindungszone beim Nahtschweißen von feuerverzinktem Stahl mit Reinaluminium vermittelt Abb. 24. Aus der Mikroschliffaufnahme ist zu erkennen, daß die Naht rißfrei ist und eine sehr große Vermischungszone aufweist, die ungefähr bis zur Nahtoberfläche reicht. Diese Erscheinung ist in Abb. 26 vergrößert dargestellt. Unmittelbar an den Stahl grenzt eine graue, eisenreiche Schicht (Fe $\approx$ 40%) von etwa 20 µm Dicke. Diese Schicht wird mit einer an Eisen ärmeren (Fe $\approx$ 16%), sehr breiten Vermischungszone fortgesetzt, die Nadeln und graue Einschlüsse aufweist, Abb. 27. Diese Einschlüsse, Abb. 27 »A«, zeigen Härtewerte von 280 bis 320 kp/mm^2 (HV0,05). An Hand einer Punktanalyse (s. Abschnitt 7.3) wurden sie als die ternäre T_1-Phase im Dreistoffsystem AlMnZn identifiziert.

Durch Härtemessungen (HV0,05) konnte festgestellt werden, daß die wärmebeeinflußte Zone im Aluminium niedrigere Härtewerte aufweist als der Aluminiumgrundwerkstoff. Daraus kann man schließen, daß an diesen Stellen (etwa 3 bis 5 mm von der Naht entfernt) eine ungünstige Wärmebeeinflussung stattgefunden hat. An den gleichen Stellen reißen bzw. dehnen sich die meisten Proben nach dem Zug- bzw. Faltversuch.

7.2 Ermittlung der erforderlichen Reaktionstemperatur für eine optimale Verbindung von flüssigem Aluminium und festem Stahl

Die Abhängigkeit der Temperatur von der Beschichtung des Stahlbleches, den Legierungsanteilen im Aluminiumgrundwerkstoff und von der Blechdicke wurden beim Punktschweißen festgestellt. Der Einfluß der Legierungsbestandteile im Zusatzdraht wurde beim Nahtschweißen ermittelt. Außerdem erfolgte hierbei die Messung der

Höchsttemperaturen an der Stahloberfläche in direkter Berührung mit dem flüssigen Aluminium. Die Werte der erreichten Temperaturen sind in Tab. 11 (Nahtschweißen) und Tab. 12 (Punktschweißen) wiedergegeben.
Wegen der geringen Löslichkeit von Aluminium im Stahl tritt beim Punktschweißen unbeschichteter Proben ein Verspritzen des Aluminiumwerkstoffes ein. Die große Streuung der einzelnen Meßwerte ist auf ein unruhiges Schmelzbad zurückzuführen. Die ermittelten Höchsttemperaturen liegen zwischen 1020 und 1230 °C bei einem Mittelwert von 1145 °C.
Niedrigere Temperaturen bei einem etwas ruhigeren Schmelzbad brachten im Vergleich hierzu galvanisch verzinkte Stahlproben. Der Mittelwert lag bei 858 °C. Eine Dickenzunahme des Aluminiumbleches von 1 auf 2 mm bewirkt trotz Verwendung höherer Stromstärken wegen der größeren Wärmeabfuhr eine Erniedrigung der Höchsttemperatur um etwa 150 °C, Tab. 12.
Der Verlauf der Temperatur-Zeit-Kurven ist beim Punktschweißen der Aluminiumlegierungen mit Stahl gegenüber Reinaluminium ungefähr gleich geblieben. Es werden jedoch etwas höhere Reaktionstemperaturen bei den verwendeten Aluminiumlegierungen wegen der geringeren Wärmeleitfähigkeit und Schmelzwärme der Legierungselemente Mg und Zn gegenüber Reinaluminium erzielt. Die Wärmeverluste werden dadurch kleiner. Wie aus Tab. 12 zu entnehmen ist, lagen die Höchsttemperaturen bei Kombinationen mit AlMg 3 um 20 °C höher als bei den entsprechenden mit Al 99,5. Bei AlZnMg 1 lagen sie in der gleichen Größenordnung wie bei den anderen Aluminiumwerkstoffen, obwohl die Schweißzeit um 20% verkürzt wurde.
Die Abhängigkeit der Höchsttemperatur vom Beschichtungsverfahren und -werkstoff ist ebenfalls Tab. 12 zu entnehmen. Punktschweißverbindungen zwischen AlZnMg 1 und Stahl mit verschiedenen Zinkbeschichtungen haben gezeigt, daß für denselben Beschichtungswerkstoff trotz dickerer Schicht bei der Spritzverzinkung die höchste Temperatur auftritt. Dieses ist auf die poröse Beschichtung mit geringer Wärmeleitfähigkeit zurückzuführen. Bei feuerverzinnten Stahlblechen werden gegenüber feuerverzinkten höhere Temperaturen erreicht. Die Wärmekonzentration an der Schweißstelle wird erhöht, da Zinn eine kleinere Schmelzwärme und eine schlechtere Wärmeleitfähigkeit als Zink besitzt.
Untersuchungen über die Bindevorgänge haben gezeigt, daß bis zu einer Schweißzeit von 1,5 s keine Verbindung vorhanden war, Abb. 28. Die gemessene Reaktionstemperatur nach dieser Zeit betrug 590 °C. Erst bei höheren Temperaturen nach 2 s Schweißzeit kam überhaupt eine Verbindung zustande.
In Abb. 29 ist die Temperatur und Scherzugkraft von Punktschweißverbindungen in Abhängigkeit von der Beschichtungsdicke wiedergegeben. Die Dicke der Spritzschichten aus Zink wurde zwischen 0 und 300 μm variiert. Die höchste Temperatur wurde erreicht, wenn das aufgeschmolzene Aluminium in direkte Berührung mit dem Stahl trat, d. h. bei Stahl ohne Beschichtung. Mit dicker werdenden Schichten (ab 60 μm) nimmt die Temperatur stetig ab, da Zink eine höhere Wärmeleitfähigkeit als Stahl besitzt. Die steigende Tendenz der Temperaturkurve im Schichtdickenbereich zwischen ca. 30 und 70 μm ist dadurch zu erklären, daß die dickere Beschichtung der Stahlbleche die Bildung einer eisenhaltigen Phase (nadelförmig) im Aluminium begünstigt. Diese eisenhaltigen Nadeln wachsen bedeutend weiter in das Aluminium hinein als bei der dünnen Beschichtung. Die eisenhaltige Aluminiumschicht in unmittelbarer Nähe der Zwischenschicht leitet die Wärme schlechter ab als Aluminium und ist die Ursache für die höhere Temperatur bei 70 μm gegenüber 30 μm. Die Temperaturkurve verläuft spiegelbildlich zur Scherzugkraftkurve. Mit höheren Reaktionstemperaturen tritt eine Überhitzung des Schweißgutes und eine breitere Ausbildung der

intermetallischen Zwischenschicht auf, was sich negativ auf die Festigkeit der Verbindung auswirkt.
Abb. 30 zeigt den Temperaturverlauf beim Schweißen ohne Zusatzdraht, wobei die Aluminiumstoßkante aufgeschmolzen wurde. Der Temperaturanstieg in der Naht (Thermoelement a und c, Abb. 30) beträgt 68 °C (ca. 7,8%). Auch beim Verwenden des siliziumhaltigen Zusatzdrahtes ist die Streuung der Werte klein, Abb. 31. Der Temperaturunterschied für die gleiche Nahtlänge beträgt 28 °C (ca. 3,3%). Die magensiumhaltigen Drähte bewirken wie die AlSi 5-Drähte mit dem Schweißen ohne Zusatzwerkstoff eine Verringerung der maximalen Temperaturen über die Nahtlänge, Abb. 32. Maximale Temperaturunterschiede wurden beim Benutzen von Drähten, die einen sehr hohen Zinkanteil aufweisen, festgestellt, Abb. 33. Der Unterschied beträgt 26,4%. Die große Streuung der Nahtfestigkeits- und -zähigkeitswerte bei AlZnMn-Zusatzdrähten wird hierdurch verursacht.
Zusammenfassend kann zu den Temperaturmessungen festgestellt werden, daß die Reaktionstemperatur einer bei günstigen Bedingungen geschweißten Aluminium-Stahl-Verbindung zwischen 750 und 1000 °C liegt. Damit ist bewiesen worden, daß während des Schweißens sich das Aluminium im flüssigen, der Stahl dagegen im festen Zustand befindet. Die Erwärmung des Stahlbleches auf diese Temperaturen verursacht lediglich eine Umwandlung des Stahlgitters (krz–kfz) und beschleunigt den Diffusionsvorgang (1. Ficksche Gesetz).

7.3 Untersuchung des Konzentrationsverlaufes der Elemente Al, Fe, Zn, Si, Mg und Mn in der Verbindungszone mit Hilfe der Elektronen-Mikrosonde

Von fünf Proben, die in Tab. 13 näher bezeichnet sind, wurden mit Hilfe der in Abschnitt 2 bereits erwähnten Mikrosonde Linienanalysen angefertigt.
Der Konzentrationsverlauf der Elemente für die Punktverbindung mit dem dünneren Zinküberzug (30 µm) ist in Abb. 34 wiedergegeben. Eisen wird im Aluminiumbereich nur dort angezeigt, wo der Elektronenstrahl eine Nadel trifft. In der Verbindungszone sind Eisen und Aluminium vorhanden, während auf der Stahlseite der Probe die Aluminiumkurve auf Null-Prozent abgesunken ist und die Eisenkurve den Maximalwert erreicht. Der Zinkanteil beträgt im Aluminium etwa 1%, im Stahl 0,1 bis 0,2% und in der Verbindungszone etwa 0,2%. Das Diagramm für Zink zeigt außerdem an der Übergangsstelle von der Verbindungszone in den Stahlbereich einen deutlichen Anstieg des Zinkgehaltes. Vom aufgebrachten Zinküberzug ist offensichtlich direkt an der Stahloberfläche eine höhere Konzentration verblieben.
Abb. 35 zeigt den Konzentrationsverlauf der Elemente für die Punktverbindung mit dem 70 µm dicken Zinküberzug. Durch das verstärkte Auftreten der eisenhaltigen Nadeln erklärt sich der mehrfache Anstieg der Eisenkurve im Aluminiumbereich, der dann auftritt, wenn der Elektronenstrahl eine Nadel schneidet. Die Zinkkurve im Aluminiumbereich fällt an den gleichen Stellen ab wie die Aluminiumkurve, was auf einen niedrigeren Zinkanteil in den Nadeln hinweist. Innerhalb der viel breiteren Verbindungszone gegenüber Probe 1 steigt der Zinkgehalt unmittelbar zur Stahlseite an, genau wie in Abb. 34.
Die Verteilung der Elemente in einer Nahtverbindung zwischen Reinaluminium und feuerverzinktem Stahl mit einem siliziumhaltigen Zusatzdraht geschweißt (Probe 3) zeigt Abb. 36.
Das Element Silizium, das mit einem Anteil von ca. 5% im Zusatzwerkstoff vorlag, konnte bei der Untersuchung in der Schmelzzone nicht mehr festgestellt werden. Es wird angenommen, daß sich das Silizium in elementarer Form an den Korngrenzen aus-

geschieden hat, wie es in [14] festgestellt worden ist. Die Kurven von Eisen und Aluminium beweisen, daß im Aluminiumbereich der Probe kein Eisen und im Stahlblech kein Aluminium vorliegt. Zink ist im Aluminium mit etwa 1,6%, im Stahl mit rund 0,2% und in der Verbindungszone mit 0,3% abzulesen.
In Abb. 37 ist der Konzentrationsverlauf der Elemente in einer Naht wiedergegeben, die mit magnesiumhaltigem Zusatzdraht AlMg 5 geschweißt wurde. Die Eisenkurve läßt erkennen, daß im Aluminiumbereich, ähnlich wie bei den Punktverbindungen, Eisen vorliegt. Im Stahlbereich der Probe ist kein Aluminium vorhanden. Magnesium konnte weder in der Verbindungszone noch im Stahl festgestellt werden. Auf Grund der guten Löslichkeit dieses Metalls in Aluminium beträgt sein Anteil in dieser Zone 1,9%. Auch bei dieser Analyse zeigt die Zinkkurve zur Stahlseite hin einen Anstieg.
Die Konzentrationsverteilung der Elemente in einer Aluminium-Stahl-Nahtverbindung unter Verwendung des AlZnMn-Zusatzdrahtes zeigt Abb. 38. Im untersuchten Bereich lag kein Mangan vor. Erst eine zusätzliche Punktanalyse ergab, daß der Anteil von 4,5% Mangan im Zusatzdraht die Bildung der intermetallischen Phase T_1 im ternären System Al–Mn–Zn [15] bewirkt. Bei dieser Probe ist keine scharf abgegrenzte Verbindungszone wie bei den anderen Proben zu erkennen. Der Anteil an Eisen in der Verbindungszone beträgt etwa konstant 16%. Die Aluminiumkurve fällt in dieser Zone von 37% auf etwa 18%. Der Zinkgehalt steigt dagegen an bis zu 58%. Diese hohe Zinkkonzentration muß auf den sehr hohen Zinkgehalt von 42,2% im Zusatzdraht zurückgeführt werden.
Zusammenfassend zu den Elektronen-Mikrosonden-Untersuchungen kann festgestellt werden, daß bei den untersuchten Aluminium-Stahl-Verbindungen intermetallische Zwischenschichten vorhanden waren, deren Zusammensetzung und Dicke von den Legierungsbestandteilen im Zusatzdraht abhängig sind, Tab. 13. Bei Punktschweißverbindungen wurde weiterhin ein Einfluß der Beschichtungsdicke ermittelt. Der festgestellte Anteil an Eisen und Zink in der Verbindungszone liegt in der Größenordnung wie bei [17, 14, 16]. Nach eigenen Messungen beträgt der Eisen- bzw. Zinkgehalt in der Verbindungszone 38 bzw. 43% bzw. 0,2 bis 0,3%, der Restanteil ist Aluminium. Im Eisen-Aluminium-Zweistoffsystem (Abb. 1) entspricht der höhere Eisengehalt dem der η-Phase Fe_2Al_5 (zur Stahlseite hin) und der niedrigere Eisengehalt dem der ϑ-Phase $FeAl_3$ (zur Aluminiumseite hin).

8. Zusammenfassung

Die Untersuchungen haben gezeigt, daß bei Anwendung des Wolfram-Inertgas-Verfahrens ohne metallische Beschichtung des Stahlbleches keine haltbaren Aluminium-Stahl-Verbindungen zu erreichen sind.
Bei den Versuchen mit beschichteten Blechen wurden unter günstigen Schweißbedingungen Schmelzpunktverbindungen erzielt, die sowohl im Scherzug- als auch im Kopfzugversuch eine Belastbarkeit aufweisen, die auch in den unteren Grenzwerten einer statistischen Auswertung über den Anforderungen der Luftfahrttauglichkeitsvorschrift liegt. Der Streubereich ist allerdings größer und zeigt eine empfindliche Abhängigkeit der Ergebnisse von den Verfahrensbedingungen. Die Bestimmung der Schweißpunktdurchmesser mit Hilfe von Querschliffen, Röntgenaufnahmen oder aus dem Kopfzug- bzw. Abrollversuch, die in ihren Ergebnissen im allgemeinen eine gute Übereinstimmung ergeben, schaffen die Voraussetzung für eine Beurteilung der Qualität der Bindung.

Die Untersuchungen zeigen, daß bei Scherzugbeanspruchung bei maximal möglicher Lastaufnahme die ertragbare mittlere Schubspannung ihren Höchstwert bereits überschritten hat. Dagegen ist bei einer Stromstärke, die der höchsten Bindefestigkeit entspricht, die Belastbarkeit des Punktes noch verhältnismäßig klein, weil der Punktdurchmesser noch nicht die optimale Größe erreicht hat. Gute Verbindungen mit hinreichender Duktilität entstehen, wenn die Erwärmung nicht zu langzeitig ist und die Temperaturverteilung durch die Verfahrensbedingungen so gesteuert wird, daß der Stahl nicht angeschmolzen wird. Bleibt die Temperatur an der Stahloberfläche im Bereich des Schweißpunktes unterhalb 600°C, so kommt keine Verbindung zustande. Günstige Beschichtungsdicken liegen bei 30 μm.
Beim Nahtschweißen lassen sich unter geeigneten Schweißbedingungen zumindest für Reinaluminium bei Zugbeanspruchung der Verbindung die Brüche im Aluminiumgrundwerkstoff erzielen. Die Dehnungsfähigkeit und die Belastbarkeit der Nähte hängen für Aluminiumlegierungen sehr wesentlich ab von der Wahl der Stromstärke, der Geometrie der Schweißanordnung und insbesondere des Abstandes des Lichtbogens von der Aluminiumstoßkante. Die Eignung der Zusatzwerkstoffe nimmt von AlSi 5 über AlMg 5 zu AlZnMn hin ab. Die Mikrosondenuntersuchungen zeigen steile Konzentrationssprünge des Eisens am Übergang, während erwartungsgemäß die Elemente des Beschichtungswerkstoffes sehr stark in das Aluminium diffundieren und umgekehrt.

9. Literaturverzeichnis

[1] Eichhorn, F., R. Schaefer und H. Ghanem, Lichtbogenpreßschweißen von Aluminiumbolzen auf Stahlblech nach dem Kondensatorentladungsverfahren. Industrie-Anzeiger 89 (1967), H. 96, S. 9–15.

[2] Hansen, M., Constitution of Binary Alloys. McGraw-Hill Verlag, New York, 1958.

[3] Vereinigte Leichtmetallwerke GmbH, Werkstoffblatt Nr. 1/10, 1962; Werkstoffblatt Nr. 1/31, 1962; Werkstoffblatt Nr. 1/71, 1963.

[4] Metzger, G. E., Entwicklung eines Hartlötverfahrens für die Paarung Titan–Aluminium, Dr.-Ing. Diss. TH Aachen, 1961.

[5] Laughner, V. H., und A. D. Hargman, Handbook of fastening and joining of metal parts. McGraw-Hill Verlag, Mardenhead, 1956.

[6] Lobanow, I. N., Punktschweißen von Aluminium mit alitiertem Stahl. Swar. Proizw. Moskau, 13 (1967), H. 2, S. 32.

[7] LTF 3400–1, Luftfahrt-Tauglichkeits-Forderungen für das Widerstandspunktschweißen der Musterprüfstelle der Bundeswehr für Luftfahrtgerät vom 1. 12. 1964.

[8] Holler, H., und A. Maier, Beitrag zu den Untersuchungen der Autogenverbindungen von Aluminium mit anderen Metallen. Autogene Metallbearbeitung 28 (1935), H. 12, S. 177–187.

[9] Keel, C. F., Ein neues Verfahren zum Verschweißen von Aluminium mit Eisen, Kupfer und anderen Metallen. Z. f. Schweißtechnik 28 (1938), H. 9, S. 201–203.

[10] Bel'chuk, G. A., Investigation of Certain Features of the Argonarc Welding of Aluminium and its Alloys to Steel. Swarotschnoje Proiswodstwo, Moskau, 7 (1961), H. 5, S. 8–11.

[11] Bel'chuk, G. A., und I. V. Petrushin, Corrosion Resistance of Welded Joints between Aluminium Alloys to Steel. Awtomatitscheskaja Swarka, Kiew, 15 (1962), H. 7, S. 8–11.

[12] Seith, W., Diffusion in Metallen. 2. Auflage, Springer Verlag, München 1955.

[13] Schneider, K., und H. Kessler, Die Reaktionen von festem Eisen mit Schmelzen zinkhaltiger Aluminiumlegierungen. Metall 7 (1953), H. 15/16, S. 608–610.

[14] Rabkin, D. M., und Mitarbeiter, Verteilung der Elemente in der Schmelzzone beim Schweißen von Aluminium mit Stahl. Awtomatitscheskaja Swarka, Kiew 19 (1966), H. 1, S. 10–14.

[15] Hanemann, H., und A. Schrader, Ternäre Legierungen des Aluminiums. Atlas Metallographicus, Band 3, Teil 2, Düsseldorf, 1952.

[16] Rabkin, D. M., und W. R. Rjawow, Das Schweißen von Aluminium mit Stahl. Schweißtechnik, Berlin, 17 (1967), H. 10, S. 448–452.

[17] Gebhardt, E., und W. Obrowski, Reaktionen von festem Eisen mit Schmelzen aus Aluminium und Aluminiumlegierungen. Z. f. Metallkunde 44 (1953), S. 154–160.

10. Anhang

a) Abbildungen

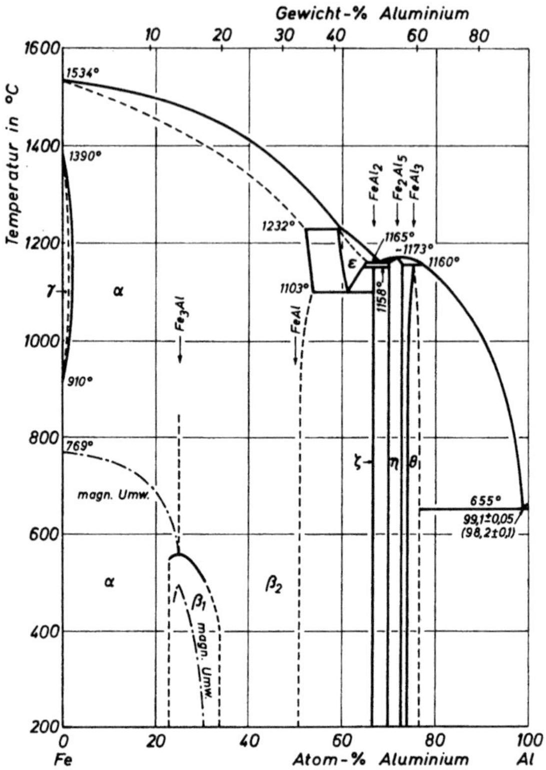

Abb. 1 Das Eisen-Aluminium-Zweistoffsystem (nach HANSEN [2])

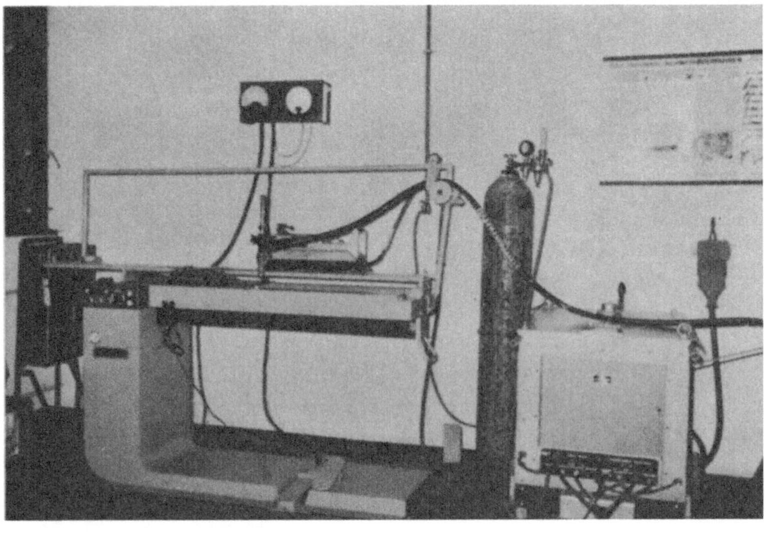

Abb. 2 WIG-Nahtschweißeinrichtung

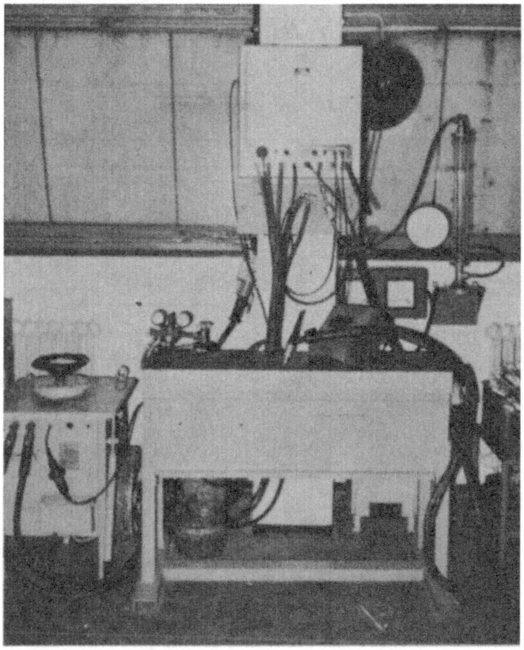

Abb. 3 WIG-Punktschweißeinrichtung

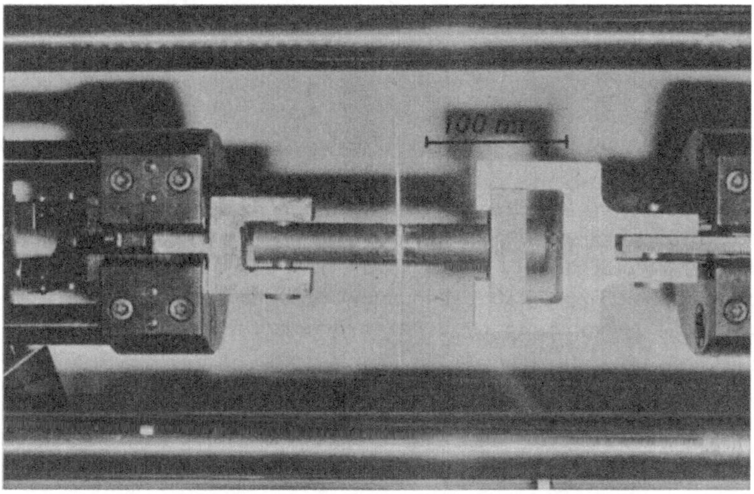

Abb. 4 Vorrichtung zur Durchführung des Kopfzugversuches bei Punktschweißverbindungen

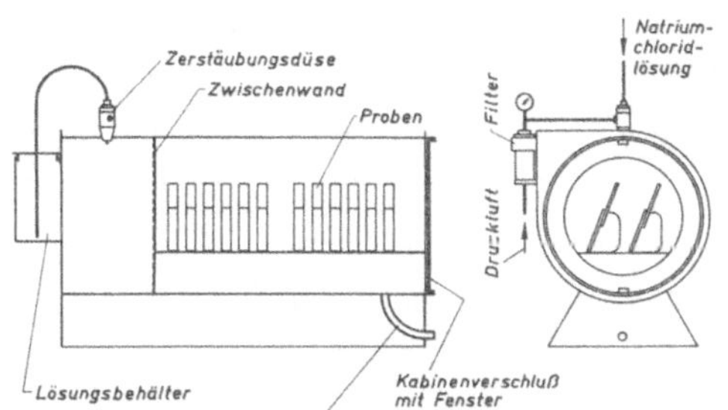

Abb. 5 Sprühgerät zur Korrosionsprüfung (schematisch)

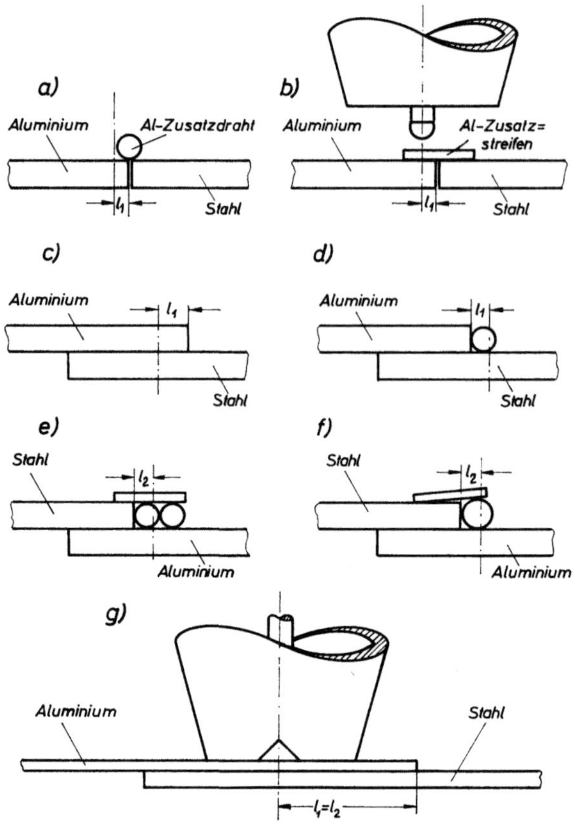

Abb. 6 Anordnung der Bleche, Zusatzwerkstoffe und Schweißbrenner beim Schweißen – die Mittellinie kennzeichnet die Stellung der Wolframelektrode
l_1 = Abstand zwischen Stoßkante des Aluminiumbleches und Elektrodenmittellinie
l_2 = Abstand zwischen Stoßkante des Stahlbleches und Elektrodenmittellinie
a) und b) Stumpfstoß
c) und d) Überlappstoß mit Aluminium-Oberblech
e) und f) Überlappstoß mit Aluminium-Unterblech
g) Überlappstoß für Punktverbindung

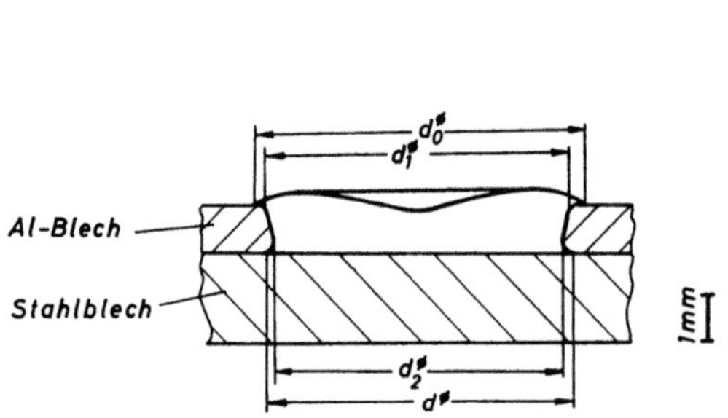

Abb. 7 Schematische Schliffdarstellung einer Punktverbindung

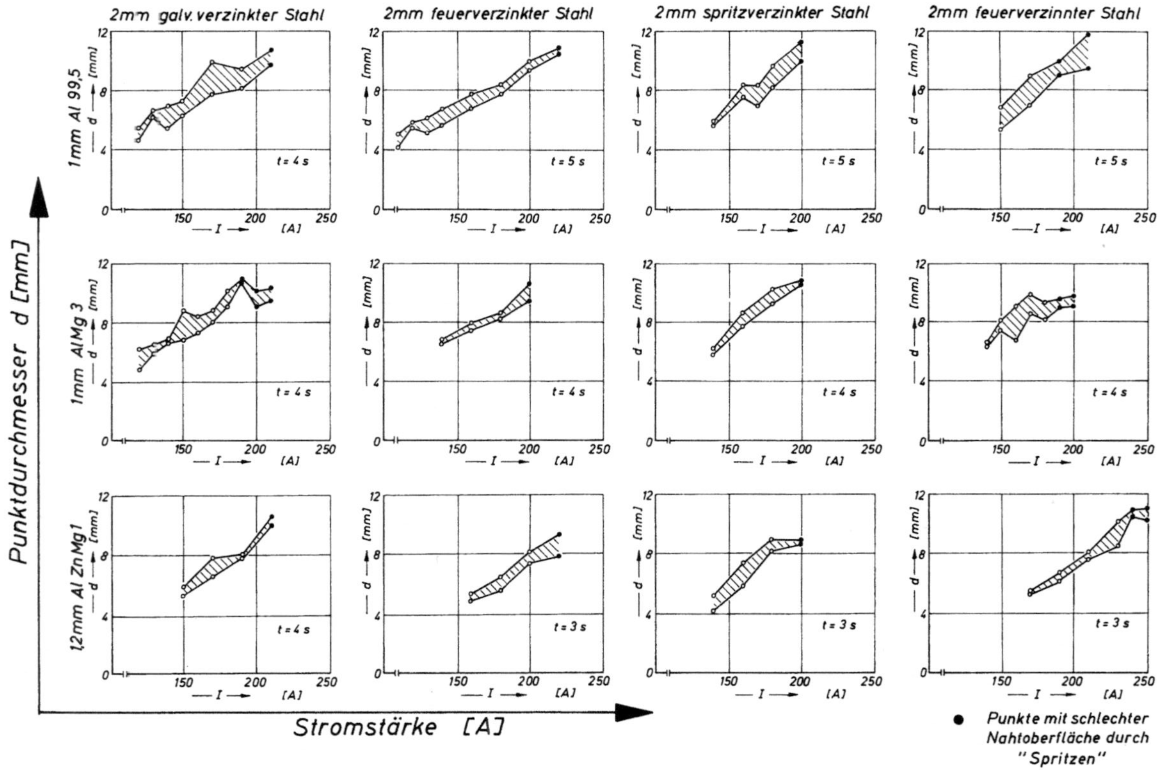

Abb. 8 Punktdurchmesser in Abhängigkeit von der Stromstärke (Minimal- und Maximalwerte von jeweils drei Proben, deren Punktdurchmesser im Schliffbild bestimmt wurde)
Dicke des Stahlbleches = 2 mm; Schweißspannung = 18/20 V

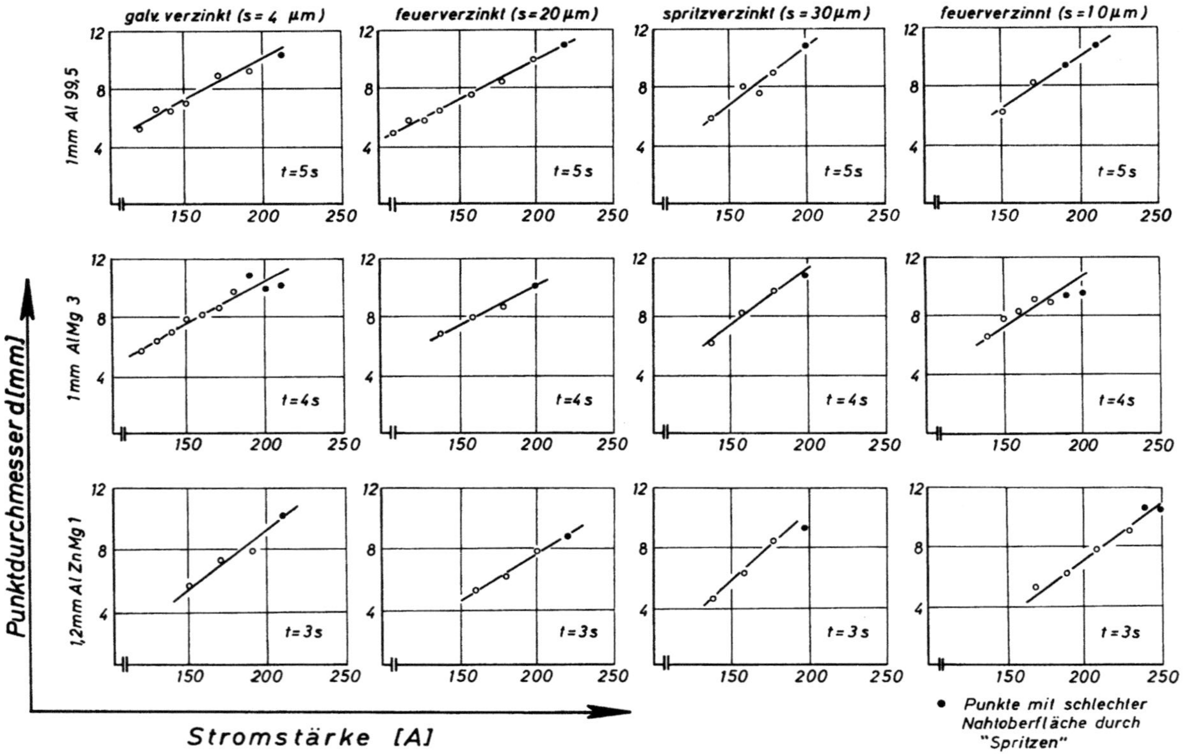

Abb. 9 Punktdurchmesser in Abhängigkeit von der Stromstärke (Mittelwert von drei Proben, deren Durchmesser im Schliffbild bestimmt wurde)
Stahlblechdicke = 2 mm; Schweißspannung = 18/20 V

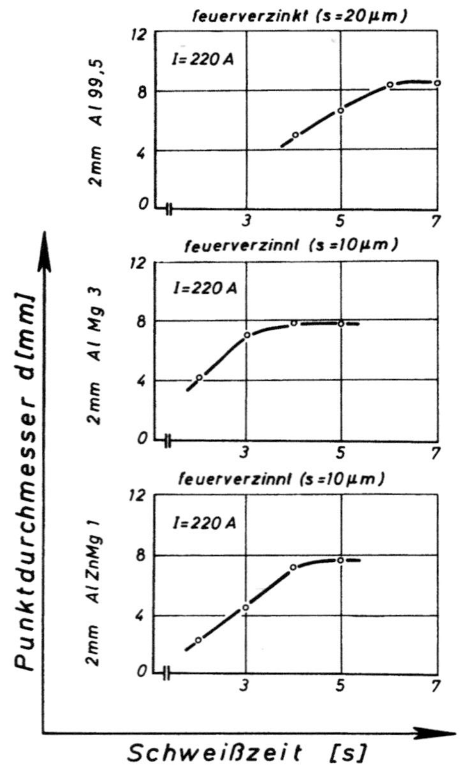

Abb. 10 Punktdurchmesser in Abhängigkeit von der Schweißzeit (Mittelwert von drei Proben)
Stahlblechdicke = 2 mm; Schweißspannung = 16/18 V

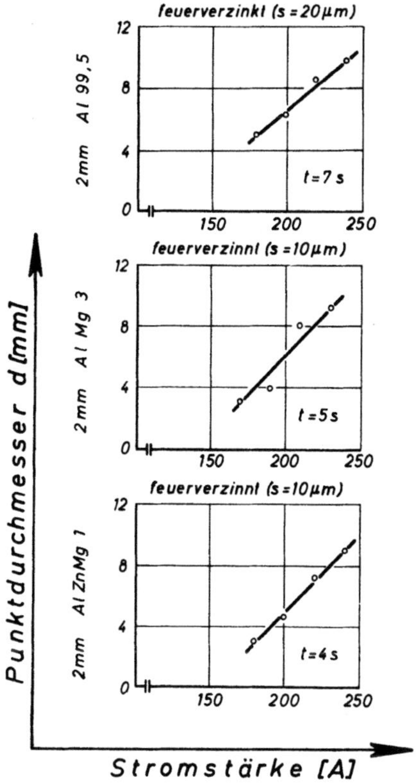

Abb. 11
Punktdurchmesser in Abhängigkeit von der Stromstärke für 2 mm Aluminiumblech (Mittelwert von drei Proben, deren Durchmesser im Schliffbild bestimmt wurde)
Stahlblechdicke = 2 mm; Schweißspannung = 16/18 V

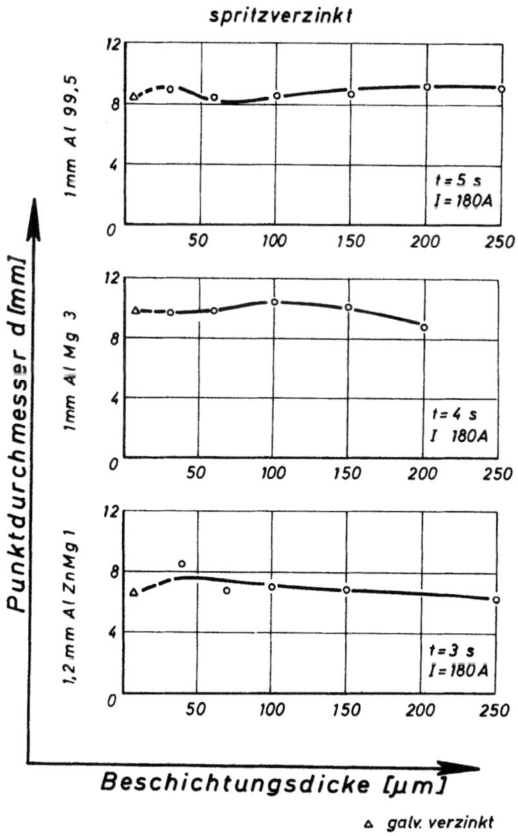

Abb. 12
Punktdurchmesser in Abhängigkeit von der Beschichtungsdicke auf dem Stahlblech (Mittelwert von drei Proben, deren Durchmesser im Schliffbild bestimmt wurde)
Stahlblechdicke = 2 mm; Schweißspannung = 18/20 V

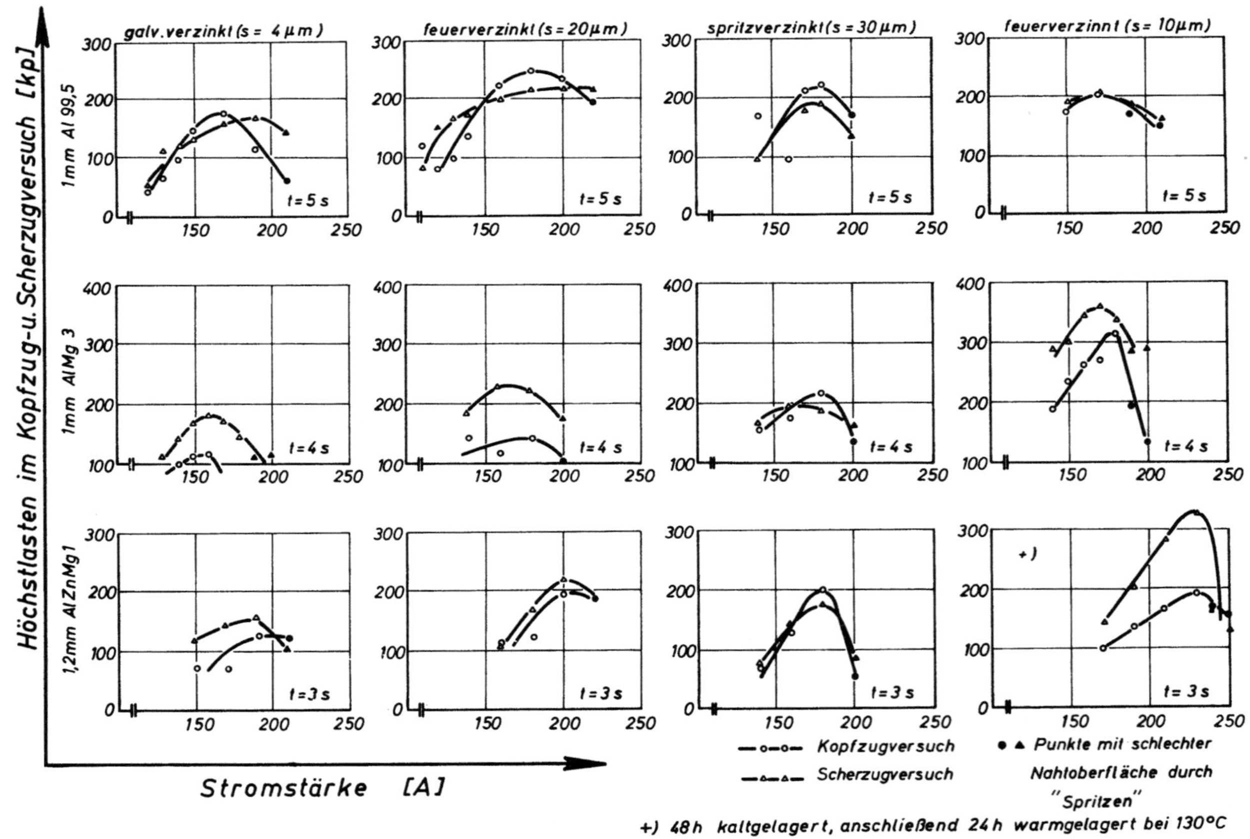

Abb. 13 Höchstlasten im Scherzug- und Kopfzugversuch in Abhängigkeit von der Stromstärke für 1 und 1,2 mm Aluminiumblech
Stahlblechdicke = 2 mm; Schweißspannung = 18/20 V

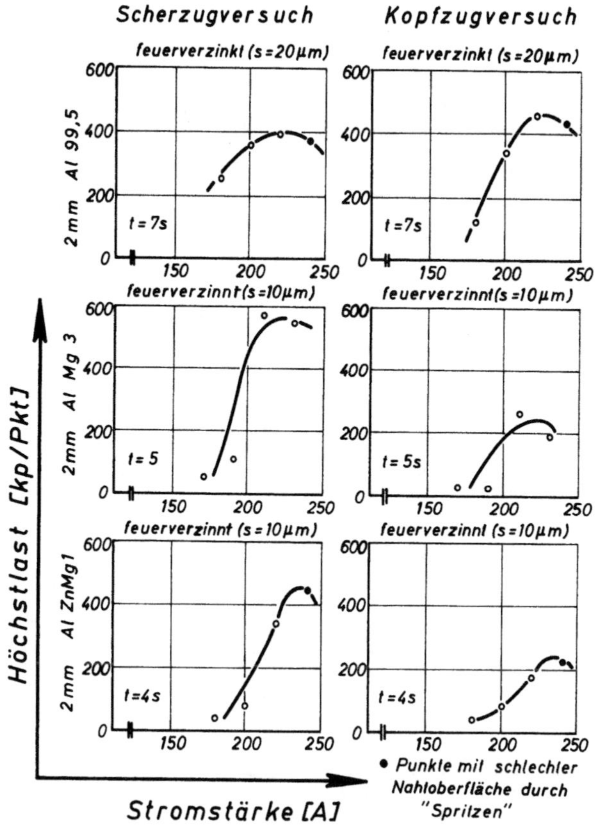

Abb. 14 Höchstlasten im Scherzug- und Kopfzugversuch in Abhängigkeit von der Stromstärke für 2 mm Aluminiumblech
Stahlblechdicke 2 mm; Schweißspannung 16/18 V

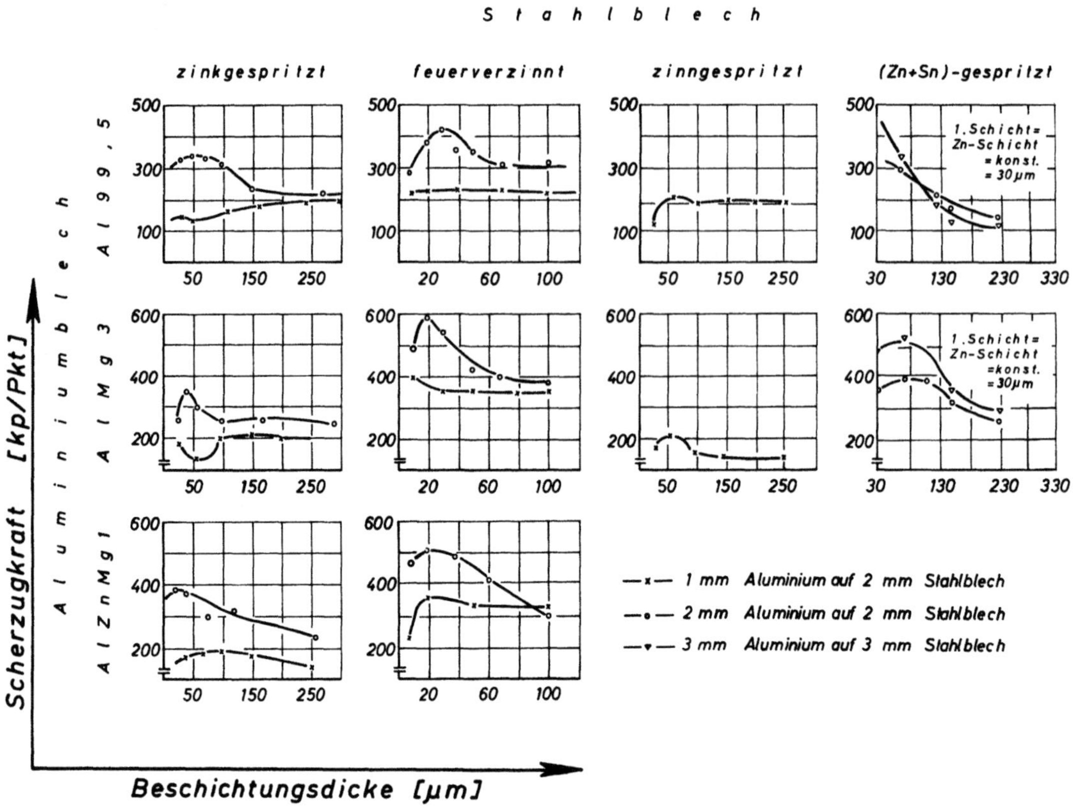

Abb. 15 Scherzugkraft der Punktverbindung in Abhängigkeit von der Beschichtungsdicke auf dem Stahlblech (Schweißbedingungen s. Tab. 9)

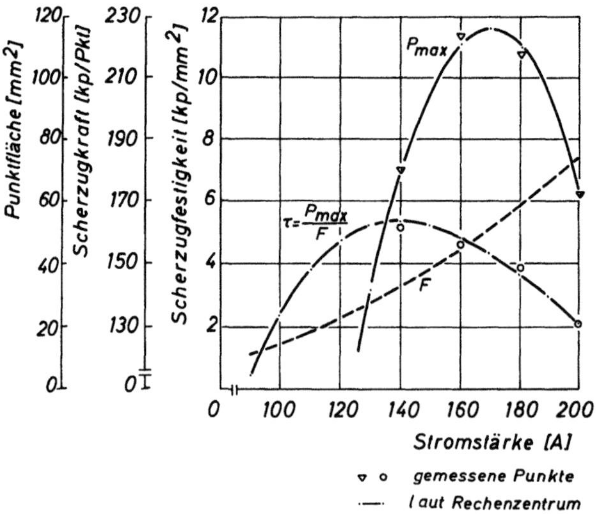

Abb. 16 Scherzugkraft, Scherzugfestigkeit und tragende Punktfläche (Abscheren) einer Punktverbindung in Abhängigkeit von der Stromstärke – 1 mm AlMg 3 auf 2 mm feuerverzinktem Stahl
Schweißspannung = 18/20 V; Schweißzeit = 4 s

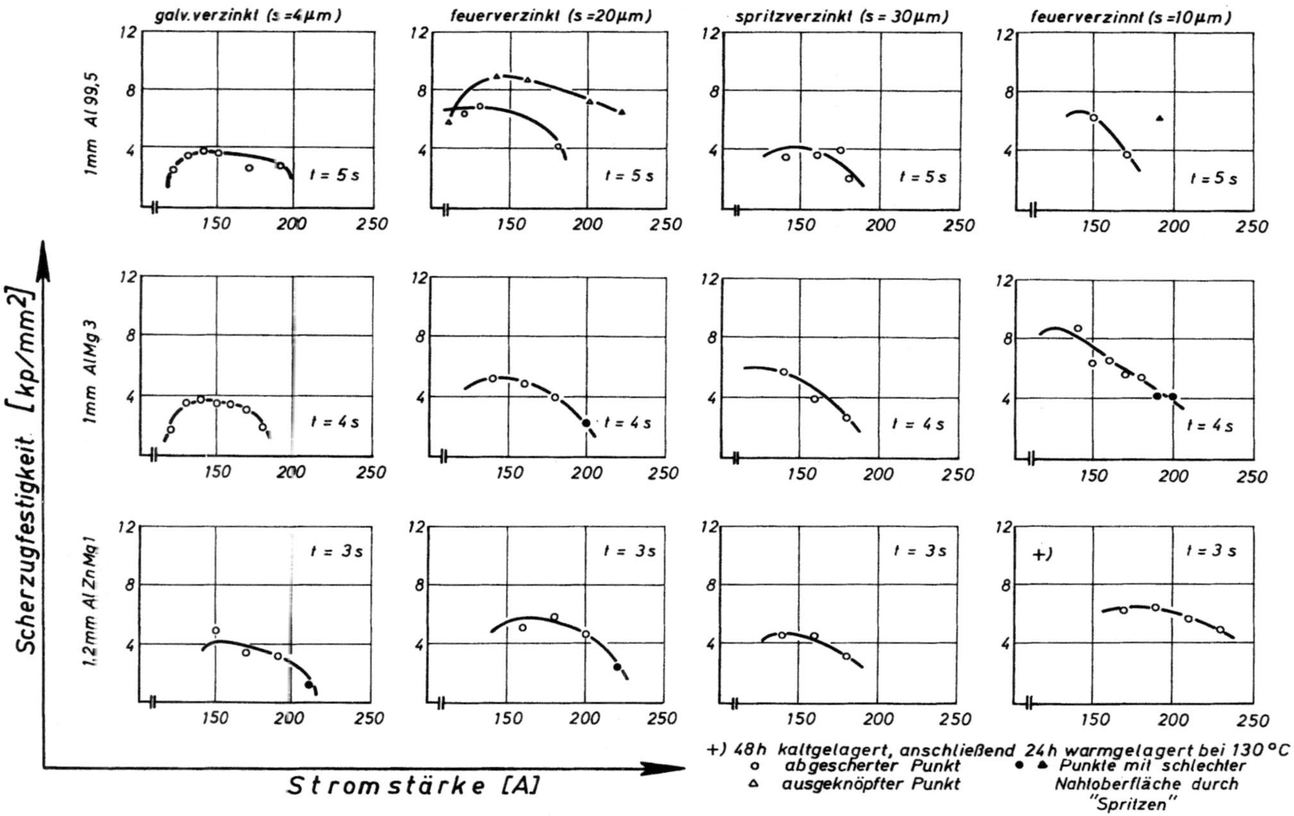

Abb. 17 Scherzugfestigkeit der Punktverbindung in Abhängigkeit von der Stromstärke
Stahlblechdicke = 2 mm; Schweißspannung = 18/20 V

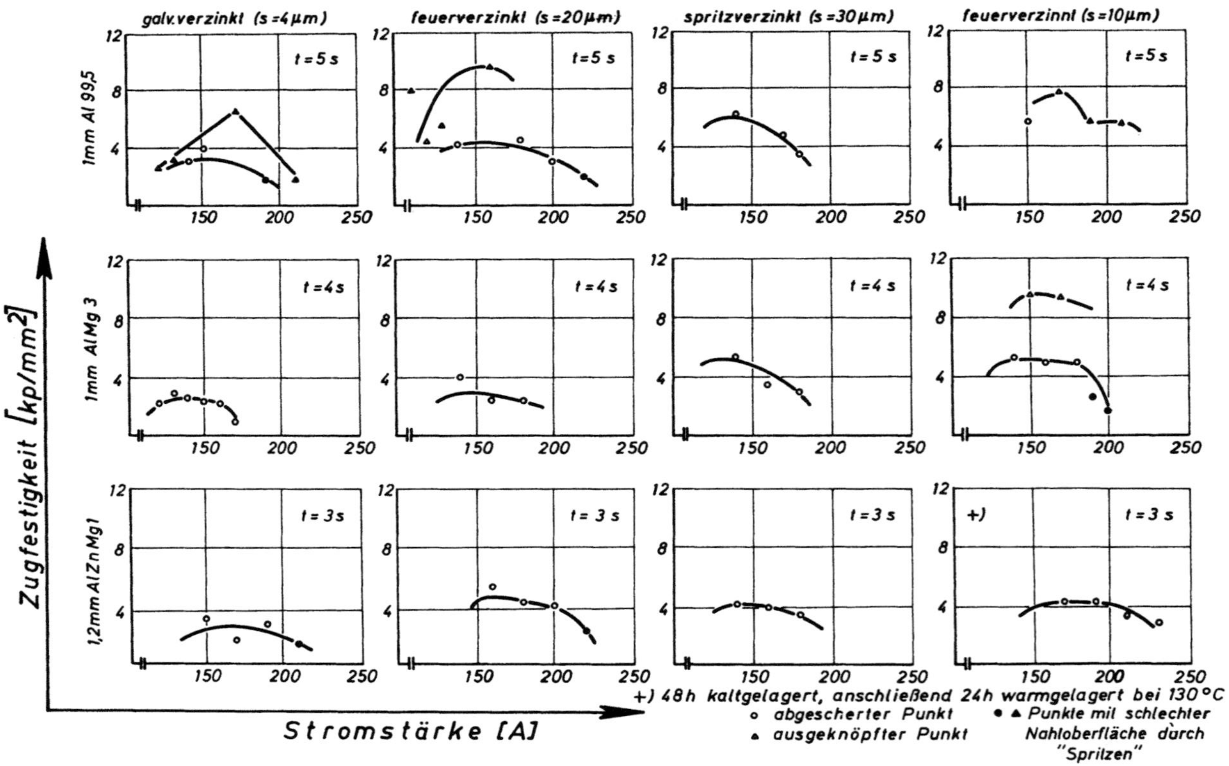

Abb. 18 Zugfestigkeit der Punktverbindung in Abhängigkeit von der Stromstärke
Stahlblechdicke = 2 mm; Schweißspannung = 18/20 V

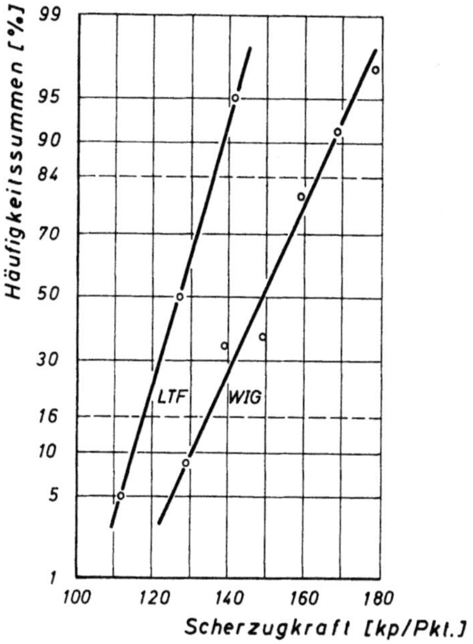

Abb. 19 Summenkurven der Verteilung der Scherzugkraft im Wahrscheinlichkeitsnetz
Probenzahl = 35
Linke Gerade nach LTF für 1 mm Al 99,5
Rechte Gerade: WIG-Punktschweißen von 1 mm Al 99,5 auf 2 mm spritzverzinktem Stahl
Beschichtungsdicke = 30 µm; Stromstärke = 180 A; Schweißspannung = 18 V; Schweißzeit = 5 s

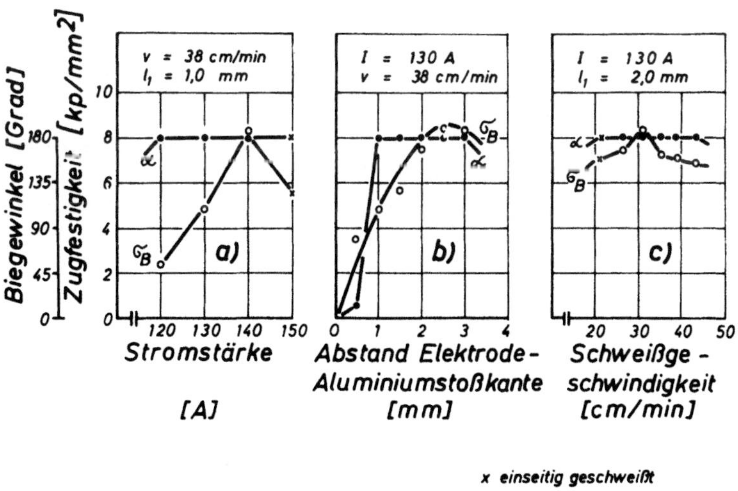

Abb. 20 Einfluß der verschiedenen Schweißparameter auf die Nahtfestigkeits- und -zähigkeitseigenschaften
Al 99,5-feuerverzinnter Stahl; 2 mm Blechdicke; *I*-Stoß; Zusatzwerkstoff: 8×1 mm Al 99,5-Streifen; l_1 s. Abb. 6; Schweißspannung = 16/20 V

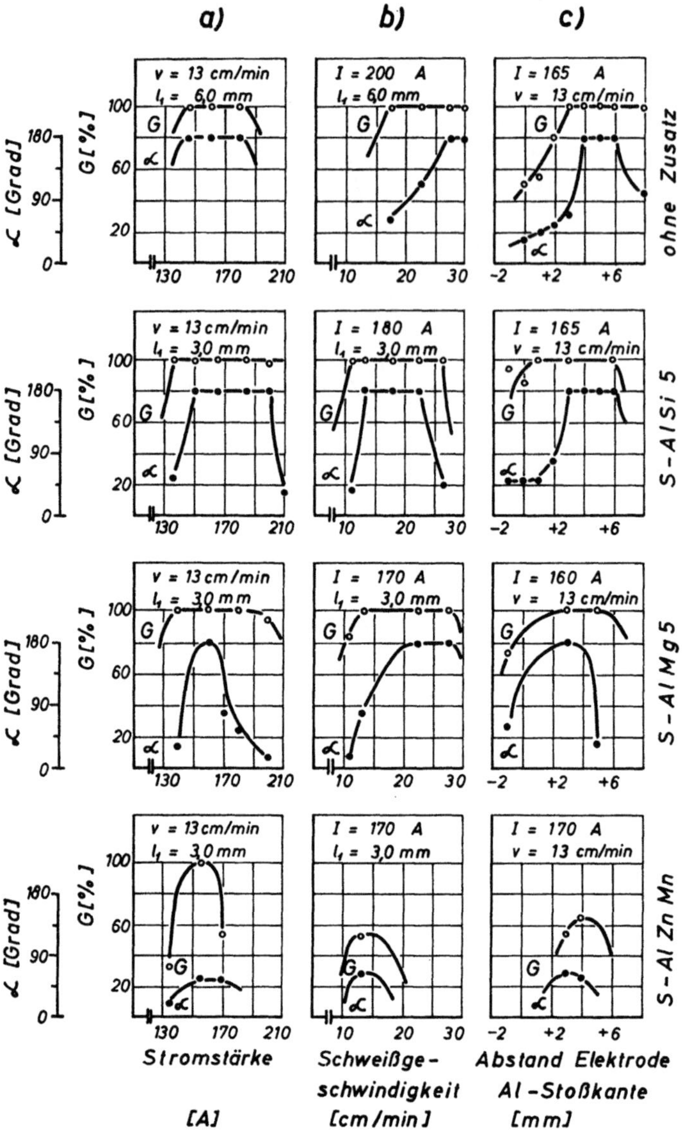

Abb. 21 Einfluß von Stromstärke, Schweißgeschwindigkeit und Elektrodenabstand auf Gütefaktor und Biegewinkel der Verbindungen
Al 99,5-Oberblech; feuerverzinkter Stahl; Unterblech 3 mm Blechdicke; Überlappstoß; einseitig geschweißt; Schweißspannung = 16/20 V; l_1 s. Abb. 6

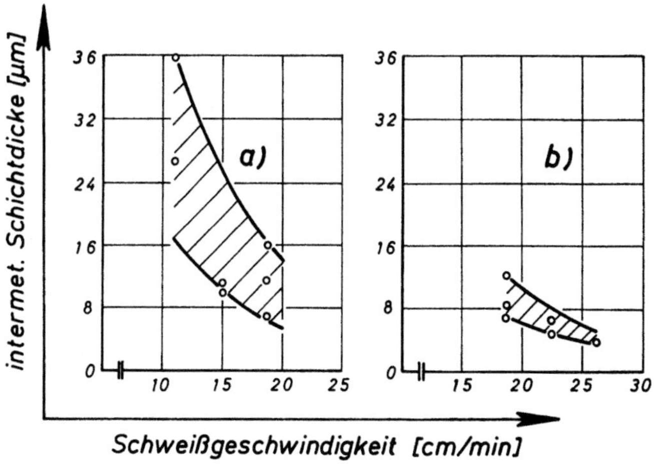

Abb. 22 Einfluß der Schweißgeschwindigkeit und Zusatzdrahtzusammensetzung auf die intermetallische Verbindungsschichtdicke (metallografische Auswertung)
a) S-AlMg 5; b) S-AlSi 5

Ätzmittel (Proben Abb. 23–27)
für Aluminiumblech: 1%ige wäßrige Flußsäure
für Stahlblech: 1%ige alkoholische Salpetersäure

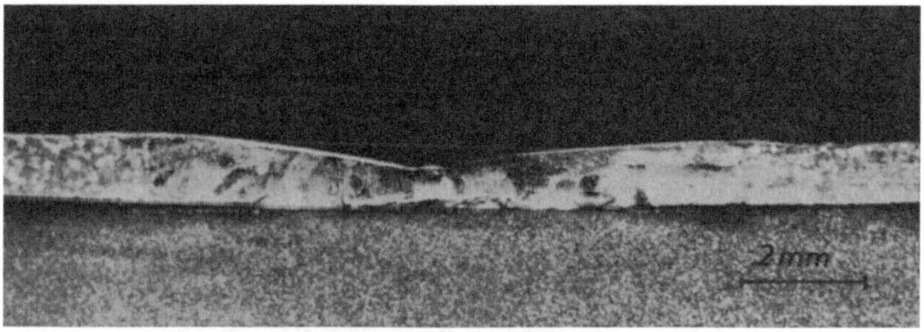

Abb. 23 Makroschliff einer Punktschweißverbindung
Beschichtungsdicke = 30 µm (Probe 1, Tab. 13)

Abb. 24 Makroschliff einer Nahtverbindung
Zusatzdraht: AlZnMn (Probe 5, Tab. 13)

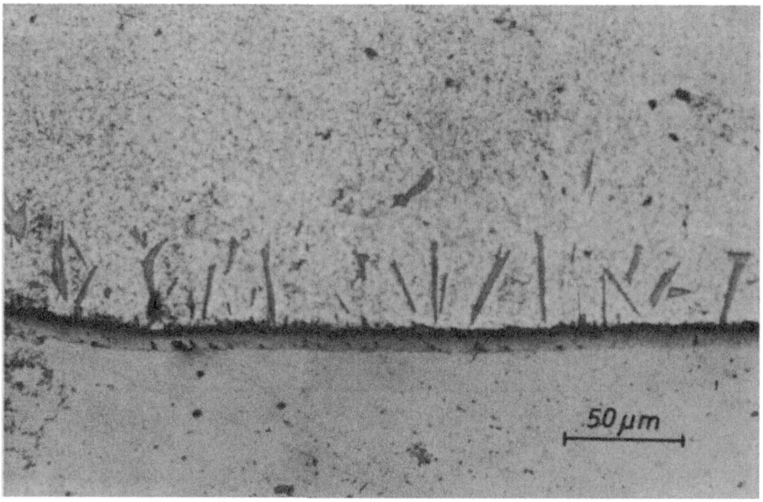

Abb. 25 Verbindungszone einer Punktschweißverbindung (Probe 1, Tab. 13, Abb. 23)
Al 99,5-spritzverzinkter Stahl; Beschichtungsdicke = 30 µm

Abb. 26 Verbindungszone einer Schweißnaht (Probe 5, Tab. 13, Abb. 24)
Al 99,5-feuerverzinkter Stahl; Beschichtungsdicke = 20 µm; Zusatzdraht: AlZnMn

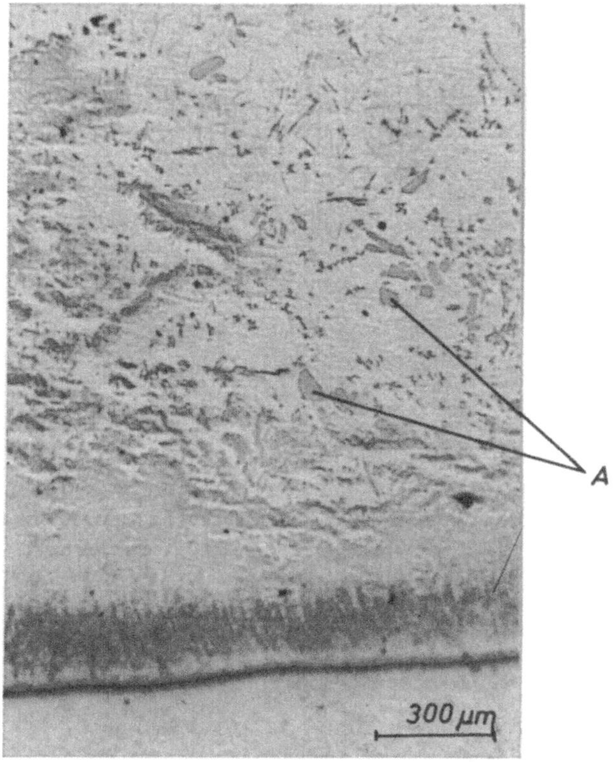

Abb. 27 »A« = Ternäre T_1-Phase im Dreistoffsystem AlMnZn bei einer Schweißnaht mit AlZnMn-Draht (Elektronen-Mikrosonden-Analyse)

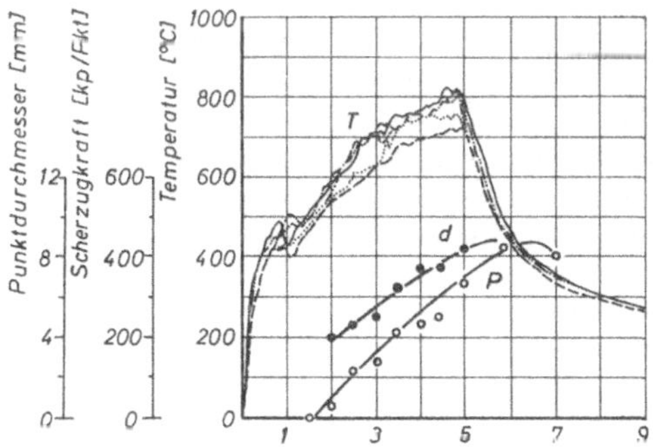

Abb. 28 Temperatur und Scherzugkraft der Punktschweißverbindungen und Punktdurchmesser in Abhängigkeit von der Schweißzeit
2 mm Al 99,5 – 2 mm feuerverzinkter Stahl; Beschichtungsdicke = 20 µm Stromstärke = 240 A; Schweißspannung = 16 V

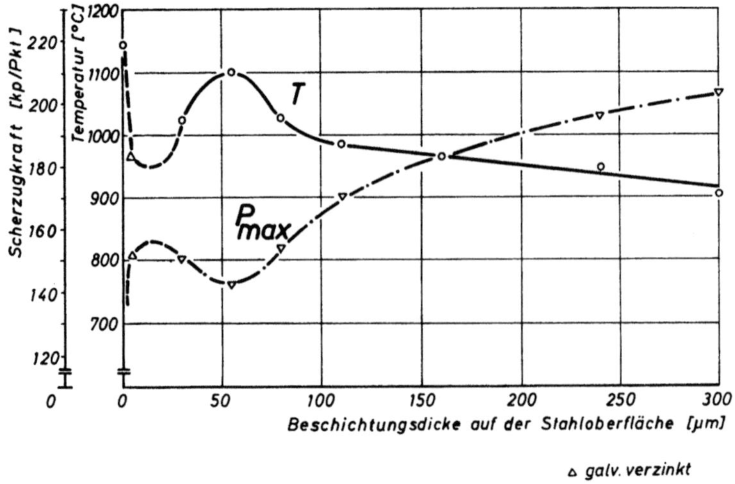

Abb. 29 Temperatur und Scherzugkraft der Punktschweißverbindungen in Abhängigkeit von der Beschichtungsdicke des Stahlbleches (Spritzverzinkung)
1 mm Al 99,5 – 2 mm spritzverzinkter Stahl; Stromstärke = 180 A; Schweißzeit = 5 s; Schweißspannung = 18 V

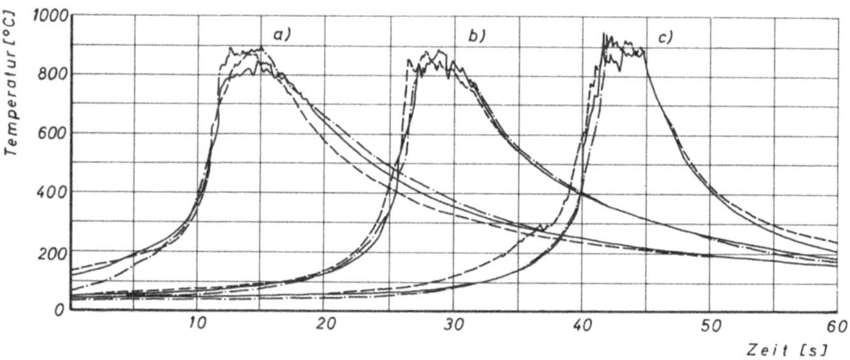

Abb. 30 Temperaturverlauf beim überlappten Nahtschweißen
2 mm Al 99,5 – 2 mm feuerverzinkter Stahl
Zusatzdraht: ohne (Schweißbedingungen s. Tab. 11)
a) Thermoelement 15 mm vom Nahtanfang (3 Messungen)
b) Thermoelement 50 mm vom Nahtanfang (3 Messungen)
c) Thermoelement 85 mm vom Nahtanfang (3 Messungen)

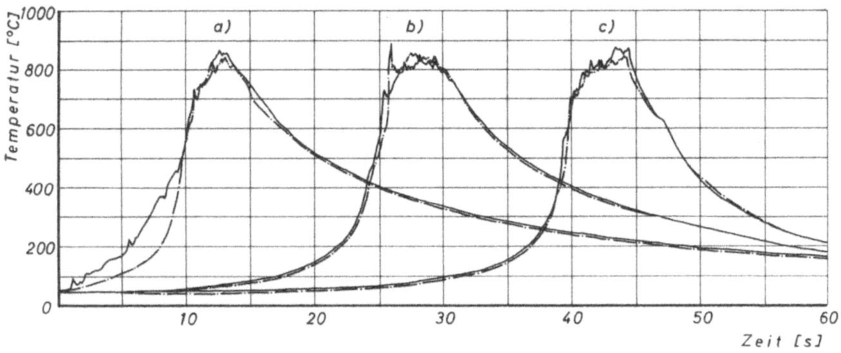

Abb. 31 Temperaturverlauf beim überlappten Nahtschweißen
2 mm Al 99,5 – 2 mm feuerverzinkter Stahl
Zusatzdraht: AlSi 5 (Schweißbedingungen s. Tab. 11)
a) Thermoelement 15 mm vom Nahtanfang (3 Messungen)
b) Thermoelement 50 mm vom Nahtanfang (3 Messungen)
c) Thermoelement 85 mm vom Nahtanfang (3 Messungen)

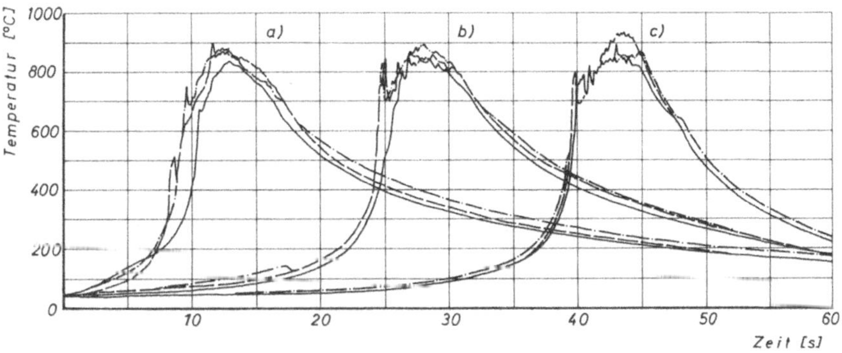

Abb. 32 Temperaturverlauf beim überlappten Nahtschweißen
2 mm Al 99,5 – 2 mm feuerverzinkter Stahl
Zusatzdraht: AlMg 5 (Schweißbedingungen s. Tab. 11)
a) Thermoelement 15 mm vom Nahtanfang (3 Messungen)
b) Thermoelement 50 mm vom Nahtanfang (3 Messungen)
c) Thermoelement 85 mm vom Nahtanfang (3 Messungen)

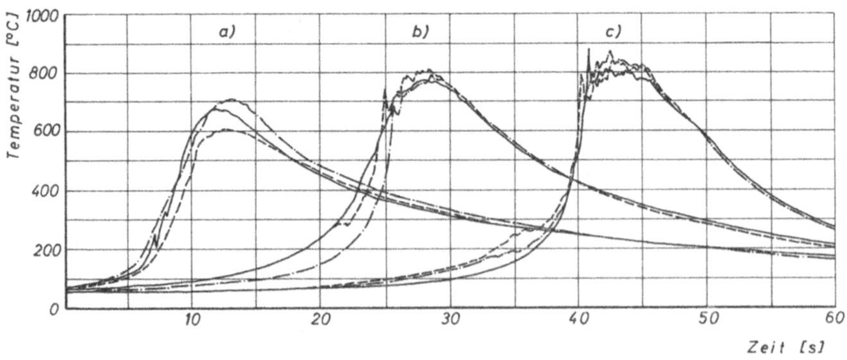

Abb. 33 Temperaturverlauf beim überlappten Nahtschweißen
2 mm Al 99,5 – 2 mm feuerverzinkter Stahl
Zusatzdraht: AlZnMn (Schweißbedingungen s. Tab. 11)
a) Thermoelement 15 mm vom Nahtanfang (3 Messungen)
b) Thermoelement 50 mm vom Nahtanfang (3 Messungen)
c) Thermoelement 85 mm vom Nahtanfang (3 Messungen)

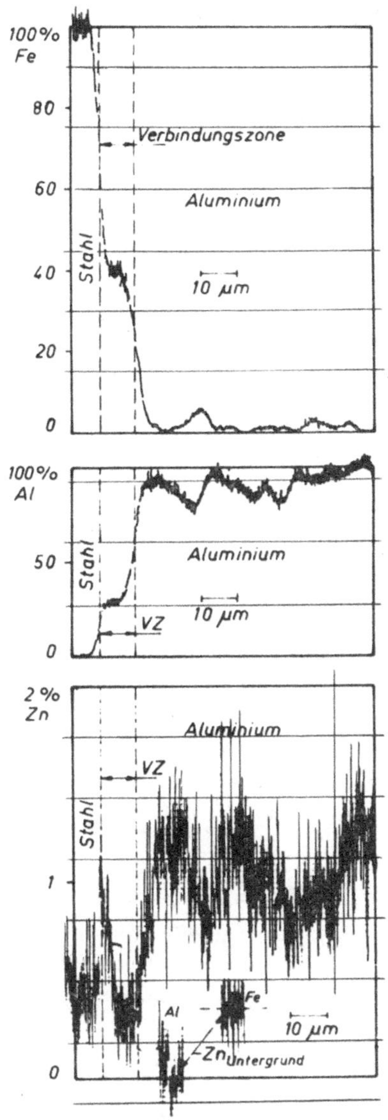

Abb. 34 Konzentrationsverteilung der Elemente Eisen, Aluminium und Zink in der Verbindungszone eines Schweißpunktes (Probe 1, Tab. 13)
Beschichtungsdicke 30 µm (Elektronen-Mikrosonden-Analyse)

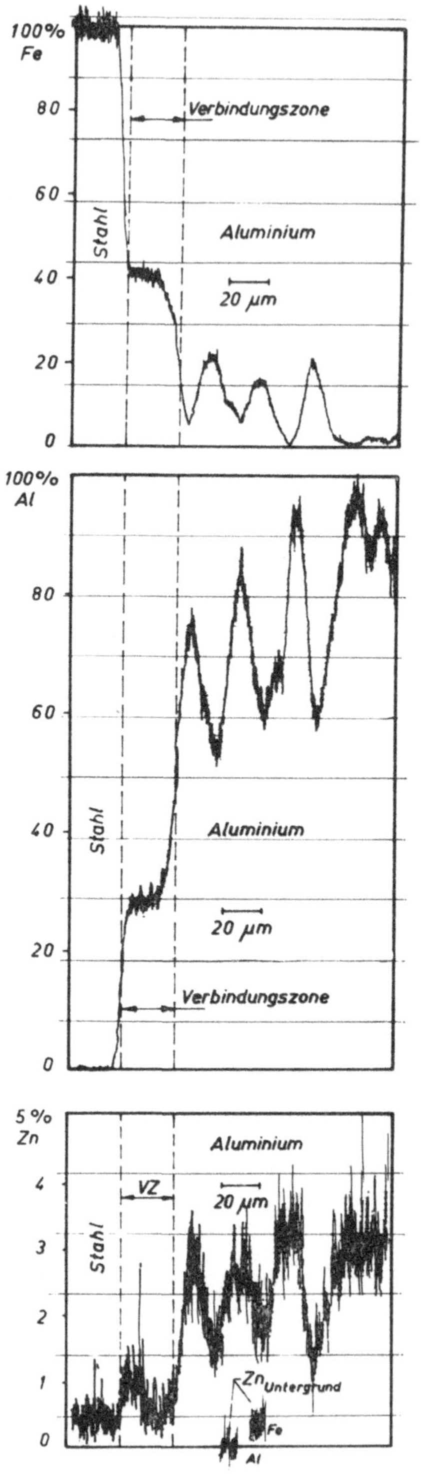

Abb. 35 Konzentrationsverteilung der Elemente Eisen, Aluminium und Zink in der Verbindungszone eines Schweißpunktes (Probe 2, Tab. 13)
Beschichtungsdicke 70 µm (Elektronen-Mikrosonden-Analyse)

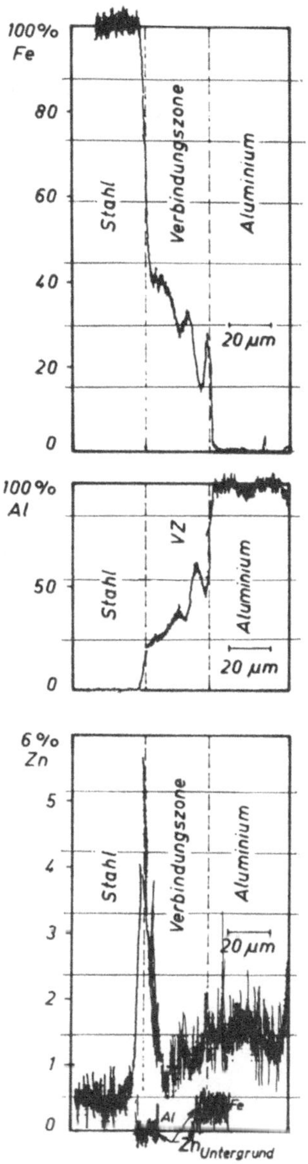

Abb. 36 Konzentrationsverteilung der Elemente Eisen, Aluminium und Zink in der Verbindungszone einer Naht (Probe 3, Tab. 13); Siliziumverteilung s. Abschnitt 7.3 Zusatzdraht: AlSi 5 (Elektronen-Mikrosonden-Analyse)

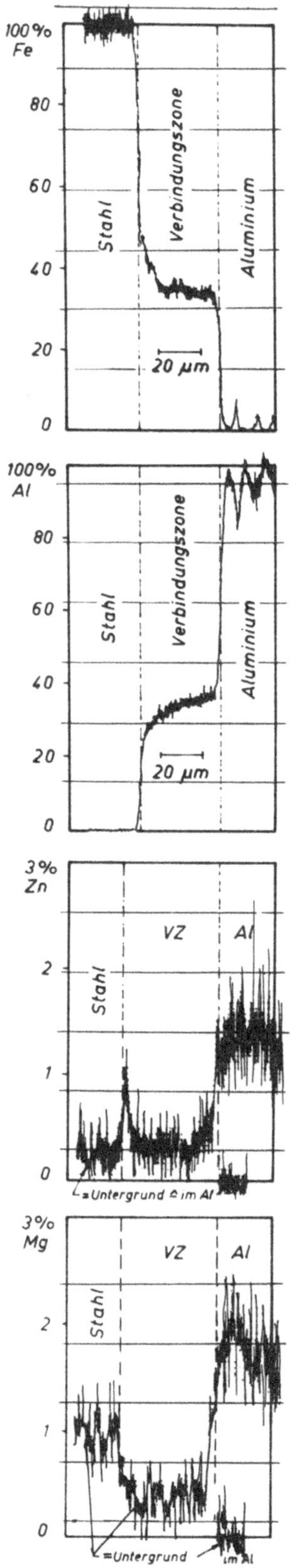

Abb. 37
Konzentrationsverteilung der Elemente Eisen, Aluminium und Magnesium in der Verbindungszone einer Naht (Probe 4, Tab. 13)
Zusatzdraht: AlMg 5 (Elektronen-Mikrosonden-Analyse)

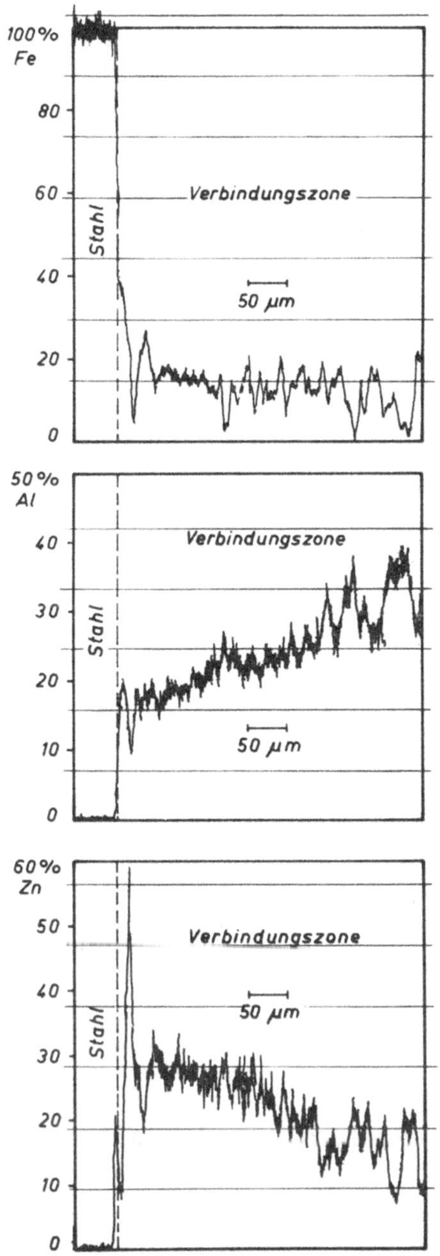

Abb. 38 Konzentrationsverteilung der Elemente Eisen, Aluminium und Zink in der Verbindungszone einer Naht (Probe 5, Tab. 13); Manganverteilung s. Abschnitt 7.3 Zusatzdraht: AlZnMn (Elektronen-Mikrosonden-Analyse)

b) Tabellen

Tab. 1 Vergleich der physikalischen Eigenschaften von Aluminium und Stahl

Eigenschaften	Dimension	Reinaluminium	unlegierter Stahl
Schmelzpunkt	°C	660	~ 1 500
Schmelzpunkt des Oxids	°C	2 046	1 370
Siedepunkt	°C	~ 2 500	3 200
Dichte bei 20°C	g/cm^3	2,7	7,85
Dichte bei Schmelzpunkt	g/cm^3	2,55	7,0
Wärmebedarf zum Schmelzen von 1 cm^3 Metall	cal/cm^3	~ 630	2 350
Wärmeleitfähigkeit	$cal/cm \cdot s \cdot °C$	0,55	0,11
Lineare Wärmeausdehnung	10^{-6} $cm/cm \cdot °C$	24	~ 13
Lineare Schwindung	%	1,8	1,2
Elektrische Leitfähigkeit	$m/\Omega \cdot mm^2$	27,7	~ 4
Elastizitätsmodul	kp/mm^2	7 200	21 000

Tab. 2 Technische Daten der beim Nahtschweißen verwendeten Stromquelle

cos φ bei 150 A = 0,7				
cos φ bei HSB = 0,7				
Primärseite 50 Hz				
Nennspannung	Dauerleistung	Dauerstrom	Höchststrom	
220 V	13 KVA	59 A	90 A	
380 V	13 KVA	34 A	52 A	
Sekundärseite				
	A ~	V ~	A =	V =
DB 100% ED	225	28	225	28
Nenn-HSB 55% ED	300	20	260	14
Einstellbereich	30–300	17–20	25–260	14
Höchste Leerlaufspannung = 70 V				

Tab. 3 Technische Daten des beim Punktschweißen verwendeten Einphasen-Schweißtransformators

cos φ = 0,61			
Primärseite 50 Hz			
Nennspannung	Dauerleistung	Dauerstrom	Höchststrom
220 V	14,8 KVA	67 A	80 A
380 V	14,8 KVA	39 A	52 A
Sekundärseite			
	A		V
DB	210		25
HSB	280		30
DAB 35% ED	350		30
Einstellbereich	60–350		15–30
Höchste Leerlaufspannung = 65 V			

Tab. 4 Legierungsbestandteile und zulässige Beimengungen der Aluminiumbleche

Kurzzeichen	Legierungsbestandteile in % Zn	Mg	Mn	Cr
Al 99,5	–	–	–	–
AlMg 3	–	2,6–3,3	0–0,4	0–0,3
AlZnMg 1	4,2–5,3	0,9–1,5	0,1–0,5	0,1–0,2

Kurzzeichen	Zulässige Beimengungen in % Si	Fe	Ti	Cu	Zn
Al 99,5	0,30	0,40	0,05	0,05	0,07
AlMg 3	0,50	0,40	0,20	0,05	0,20
AlZnMg 1	0,50	0,50	–	0,10	–

Tab. 5 Eigenschaften der zum Schweißen benutzten Aluminiumwerkstoffe

Eigenschaften	Werkstoff Dimension	Al 99,5	AlMg 3	AlZnMg 1
Schmelzbereich	°C	658	610–640	480–640
Schmelzwärme*	cal/g	92,4	–	–
Wärmeleitfähigkeit	cal/cm · s · °C	0,55	0,3–0,4	0,2–0,3
Zugfestigkeit:				
1 mm	kp/mm²	10,2	20,2	35,5
2 mm	kp/mm²	10,4	25,7	35,5
Bruchdehnung:				
1 mm	%	6,8	23,5	14,3
2 mm	%	7,8	13,3	14,3
Brinellhärte HB 10	kp/mm²	30	65	115

* Schmelzwärme für: Magnesium (99,9) = 47–50 cal/g
Zink = 24,1 cal/g
Zinn = 14,2 cal/g

Tab. 6 Eigenschaften und Analysenmittelwerte der zum Schweißen benutzten Stahlbleche (Zugfestigkeit: Mittelwert von 3 Proben)

Werkstoff	Blechdicke mm	Zugfestigkeit kp/mm²	Überzugsdicke µm	Chemische Analyse [%] C	Si	Mn	P	S
unverzinkter Stahl	2; 3	35,4	0	0,08	Spur	0,32	0,067	0,025
galvanisch verzinkter Stahl	1,5; 2	34,5	4	0,08	Spur	0,32	0,045	0,025
feuerverzinkter Stahl	2; 3	36,2	20–60	0,08	Spur	0,37	0,011	0,013
feuerverzinnter Stahl	2	36,1	3–100	0,08	Spur	0,43	0,032	0,021

Tab. 7 Werkstoffbedingte Einflußgrößen bei den Versuchen

Aluminium-qualität	Metallischer Überzug auf dem Stahlblech: Art des Überzuges	Schichtdicke µm	Art der Schweißverbindung	Zusatzwerkstoffe: Qualität	Abmessungen mm	Blechdicke mm: Al	St
Al 99,5	spritzverzinkt	20–200	*I*-Naht	AlSi 5	2⌀ 3⌀	1,0	1,0
	feuerverzinkt	20, 40, 60		AlMg 5	2⌀ 3⌀	1,2	1,5
AlMg 3	galvanisch verzinkt	4	Überlappnaht	AlZnMg	4⌀	2,0	2,0
	spritzverzinnt	40–250		Al 99,5	8×1	3,0	3,0
AlZnMg 1	feuerverzinnt	10–100	Punktschweißung	AlMg 3	8×1		
	Zink + Zinn	Zn: 40		AlZnMg 1	8×1,5		
	gespritzt	Sn: 0–250		kein Zusatz	–		

Tab. 8 Legierungsbestandteile und zulässige Beimengungen der benutzten Zusatzdrähte

Zusatzwerkstoff	Legierungsbestandteile in %					
	Mg	Mn	Cr	Si	Zn	Al
AlSi 5	–	0–0,5	–	4,5–5,5	–	Rest
AlMg 5	4,3–5,5	0–0,6	0,03	–	–	Rest
AlZnMn	–	4,5	–	0,03	42,2	Rest

	Zulässige Beimengungen in %						
	Si	Fe	Ti	Zn	Cu	Mg	Al
AlSi 5	–	0,4	0,2	0,2	0,05	0,1	Rest
AlMg 5	0,5	0,4	0,2	0,2	0,05	–	Rest
AlZnMn	0,03	0,085	–	–	0,001	–	Rest

Tab. 9 Erreichte maximale Höchstlasten im Scherzugversuch beim Punktschweißen von Aluminium mit Stahl (Mittelwert von 3 Proben)

Kombination Aluminiumblech	Stahlblech	Überzugs-dicke	Al-Blechdicke	Schweiß-bedingungen* I	t	Scherzugkraft LTF-Werte** Mindest	Mittel	Erreichte Scherzug-kraft
		µm	mm	A	s	kp/Pkt	kp/Pkt	kp/Pkt
Al 99,5	unverzinkt	0	1	180	5	100,1	126,6	30
	galvanisch verzinkt	4	1	180	5	100,1	126,6	160
		4	2	250	5	233,5	293,4	215
	feuerverzinkt	20	1	180	5	100,1	126,6	215
		20	2	240	5	233,5	293,4	400
	feuerverzinnt	20	1	180	5	100,1	126,6	220
		30	2	240	5	233,5	293,4	410
	spritzverzinkt	30	1	180	5	100,1	126,6	150
		30	2	240	5	233,5	293,4	335
	spritzverzinnt	50	1	200	5	100,1	126,6	215
		50	2	250	5	233,5	293,4	220
	(Zn + Sn) gespritzt	30 + 40	2	250	5	233,5	293,4	360
		30 + 40	3	300	6	343,9	431,0	490
AlMg 3	galvanisch verzinkt	4	1	170	4	133,1	166,4	170
		4	2	250	4	339,5	426,0	310
	feuerverzinkt	20	1	180	4	133,1	166,4	220
		20	2	250	4	339,5	426,5	445
	feuerverzinnt	10	1	180	4	133,1	166,4	390
		20	2	240	5	339,5	426,0	590
	spritzverzinkt	30	1	180	4	133,1	166,4	180
		30	2	240	5	339,5	426,0	345
	spritzverzinnt	50	1	200	5	133,1	166,4	195
	(Zn + Sn) gespritzt	30 + 40	2	250	5	339,5	426,0	395
		30 + 40	3	300	5	464,1	581,9	530
AlZnMg 1	galvanisch verzinkt	4	1,2	180	3	180,1	226,3	155
		4	2	250	4	379,3	474,6	360
	feuerverzinkt	20	1,2	220	3	180,1	226,3	260
		20	2	250	4	379,3	474,6	380
	feuerverzinnt	20	1,2	200	4	180,1	226,3	350***
		20	2	260	4	379,3	474,6	505***
	spritzverzinkt	20	1,2	200	4	180,1	226,3	325
		30	2	250	4	379,3	474,6	395

* Schweißspannung: $U = 18/20$ V (1 mm Al-Blech); $U = 16/18$ V (2 mm Al-Blech).
** Luftfahrt-Tauglichkeits-Forderungen für das Widerstandspunktschweißen der Musterprüfstelle der Bundeswehr für Luftfahrtgerät.
*** Punktverbindungen wurden 48 h bei Raumtemperatur kalt gelagert und anschließend 24 h bei 130°C warm gelagert.

Tab. 10 *Erreichte maximale Festigkeiten und Biegewinkel beim Nahtschweißen von Aluminium mit Stahl*
(Mittelwerte von 3 Proben)
Dicke der Beschichtung auf dem Stahlblech: Zn = 20 μm, Sn = 30 μm; Argonverbrauch = 8 l/min; Schweißen im *I*-Stoß, beidseitig; gleiche Schweißbedingungen für Naht und Gegennaht; Schweißspannung: $U = 14/16$ V

Kombination Aluminium-blech	Stahlblech	Blechdicke Alu-minium mm	Blechdicke Stahl mm	Zusatzwerkstoffe Qualität	Zusatzwerkstoffe Abmessungen mm	Anordnung der Bleche	Optimale Schweißbedingungen I A	v cm/min	l_1; l_2* mm	Ergebnisse der technologischen Prüfung Gütefaktor** %	Biegewinkel Grad	Bruchstelle
Al 99,5	feuerverzinnt	2	2	Al 99,5	8×1	Abb. 6b	130	30	2 l_1	100	180	Grundmaterial
Al 99,5	feuerverzinkt	2	2	Al 99,5	8×1	Abb. 6b	120	38	2 l_1	100	180	Grundmaterial
AlMg 3	feuerverzinnt	2	2	AlMg 3	8×1	Abb. 6b	120	38	2 l_1	85	180	Naht
AlMg 3	feuerverzinkt	2	2	AlMg 3	8×1	Abb. 6b	110	30	2 l_1	75	180	Naht
AlZnMg 1	feuerverzinnt	2	2	AlZnMg 1	3×1,5	Abb. 6b	175	50	3 l_1	65	180	Naht
AlZnMg 1	feuerverzinnt	2	2	AlSi 5	3 ⌀	Abb. 6a	145	45	1,5 l_1	50	180	Naht
AlZnMg 1	feuerverzinnt	2	2	AlSi 5	3 ⌀	Abb. 6a	145	45	2 l_1	50***	180	Naht
AlZnMg 1	feuerverzinnt	2	2	AlMg 5	3 ⌀	Abb. 6a	135	35	2 l_1	60	180	Naht
AlZnMg 1	feuerverzinnt	2	2	AlMg 5	3 ⌀	Abb. 6a	135	35	2 l_1	65	180	Naht
AlZnMg 1	feuerverzinkt	2	2	AlSi 5	3 ⌀	Abb. 6a	145	45	1,5 l_1	50***	180	Naht
AlZnMg 1	feuerverzinkt	2	2	AlMg 5	3 ⌀	Abb. 6a	115	35	2 l_1	80***	180	Naht
Al 99,5	feuerverzinkt	2	2	–	–	Abb. 6c	140	14	6 l_1	100	180	Grundmaterial
Al 99,5	feuerverzinkt	3	3	–	–	Abb. 6c	165	14	4 l_1	100	180	Grundmaterial
Al 99,5	feuerverzinkt	2	2	AlSi 5	3 ⌀	Abb. 6d	140	14	3 l_1	100	180	Grundmaterial
Al 99,5	feuerverzinkt	3	3	AlSi 5	3 ⌀	Abb. 6d	165	14	4 l_1	100	180	Grundmaterial
Al 99,5	feuerverzinkt	2	2	AlMg 5	3 ⌀	Abb. 6d	140	14	3 l_1	100	180	Grundmaterial
Al 99,5	feuerverzinkt	3	3	AlMg 5	3 ⌀	Abb. 6d	165	14	3 l_1	100	180	Grundmaterial
Al 99,5	feuerverzinkt	3	3	AlZnMn	4 ⌀	Abb. 6d	155	14	3 l_1	100	25	Grundmaterial
AlMg 3	feuerverzinkt	3	3	–	–	Abb. 6c	170	13	6 l_1	80	15	Naht
AlMg 3	feuerverzinkt	3	3	AlSi 5	3 ⌀	Abb. 6d	170	22	3 l_1	75	5	Naht
AlMg 3	feuerverzinkt	3	3	AlMg 5	3 ⌀	Abb. 6d	170	22	3 l_1	80	5	Naht
Al 99,5	feuerverzinkt	3	3	AlSi 5	2×3 ⌀	Abb. 6e	150	11	4 l_2	70	180	Naht
Al 99,5	feuerverzinkt	3	3	AlMg 5	2×3 ⌀	Abb. 6e	150	11	4 l_2	25	180	Naht
Al 99,5	feuerverzinkt	3	3	AlZnMn	4 ⌀	Abb. 6f	150	11	4 l_2	25	10	Naht

* l_1 und l_2 s. Abb. 6.
** Definition des Gütefaktors s. Abschnitt 4; Zugfestigkeit des Al-Grundmaterials s. Taf. 5.
*** Proben nach dem Schweißen ausgehärtet.

Tab. 11 *Erreichte Höchsttemperaturen beim Nahtschweißen von Aluminium mit Stahl*
(Mittelwert von 3 Proben)
Nahtlänge 100 mm; Aluminium- und Stahlblechdicke 2 mm; Schweißspannung: $U = 15$ V

Kombination Aluminiumblech	Kombination Stahlblech*	Zusatzwerkstoffe Qualität	Zusatzwerkstoffe Abmessung mm	Anordnung der Bleche	Schweißbedingungen I A	Schweißbedingungen v cm/min	Höchsttemperaturen – Entfernung vom Nahtanfang 15 mm Einzelwerte °C	15 mm Mittelwert °C	50 mm Einzelwerte °C	50 mm Mittelwert °C	85 mm Einzelwerte °C	85 mm Mittelwert °C
Al 99,5	feuerverzinkt	–	–	Abb. 6c	140	14	850 870 900	873	890 885 880	885	940 935 950	941
Al 99,5	feuerverzinkt	AlSi 5	3 ⌀	Abb. 6d	140	14	870 845 820	845	860 855 840	852	880 850 890	873
Al 99,5	feuerverzinkt	AlMg 5	3 ⌀	Abb. 6d	140	14	840 880 880	867	870 865 890	875	900 935 870	902
Al 99,5	feuerverzinkt	AlZnMn	4 ⌀	Abb. 6d	140	14	610 675 715	670	810 780 790	793	845 820 880	847
Al 99,5	feuerverzinnt	Al 99,5	8×1	Abb. 6b	130	25	640 690 675	663	700 660 695	685	730 825 795	783

* Überzugsdicke auf dem Stahlblech siehe Taf. 12.

Tab. 12 Erreichte Höchsttemperaturen beim Punktschweißen von Aluminium mit Stahl
(Mittelwert von 5 Proben)

Kombination Aluminiumblech	Stahlblech	Überzugs-dicke	Blechdicke Aluminium	Stahl	Schweiß-bedingungen* I	t	Höchsttemperatur Einzelwerte	Mittel-wert
		µm	mm	mm	A	s	°C	°C
Al 99,5	unverzinkt	0	1	2	180	5	1020, 1110, 1155, 1210, 1230	1145
Al 99,5	galvanisch verzinkt	4	1	2	180	4	800, 800, 870, 910, 910	858
Al 99,5	feuerverzinkt	20	1	2	180	5	920, 960, 980, 1000	965
Al 99,5	spritzverzinkt	30	1	2	180	5	980, 990, 1020, 1050, 1070	1022
Al 99,5	feuerverzinnt	30	1	2	170	5	905, 960, 960, 1000	956
Al 99,5	feuerverzinkt	20	2	2	240	5	720, 750, 805, 820, 820	781
Al 99,5	spritzverzinkt	30	2	2	240	5	815, 845, 865, 870, 880	855
AlMg 3	galvanisch verzinkt	4	1	2	180	4	830, 850, 860, 880, 970	884
AlMg 3	feuerverzinkt	20	1	2	180	4	840, 860, 970, 980	912
AlMg 3	spritzverzinkt	30	1	2	180	4	980, 995, 1020, 1020, 1025	1008
AlMg 3	feuerverzinnt	30	1	2	170	4	840, 840, 930, 960, 960	906
Al Mg 3	spritzverzinkt	30	2	2	240	5	830, 850, 850, 895, 905	866
AlMg 3	feuerverzinnt	30	2	2	240	5	780, 815, 815, 840, 860	820
AlZnMg 1	galvanisch verzinkt	4	2	2	240	4	730, 730, 730, 730, 780	740
AlZnMg 1	feuerverzinkt	20	2	2	240	4	765, 765, 780, 830, 855	799
AlZnMg 1	spritzverzinkt	30	2	2	240	4	910, 930, 930, 940, 970	936
AlZnMg 1	feuerverzinnt	30	2	2	240	4	880, 895, 895, 925, 930	905

* Schweißspannung: $U = 18/20$ V (1 mm Al-Blech); $U = 16/18$ V (2 mm Al-Blech).

Tab. 13 Meßergebnisse der Elektronen-Mikrosonden-Untersuchungen

Proben-Nr.	Kombination Aluminium-blech	Kombination Stahlblech	Über-zugs-dicke	Blechdicke Alu-minium	Blechdicke Stahl	Zusatzwerkstoffe Qualität	Zusatzwerkstoffe Ab-mes-sung	Anord-nung der Bleche	Schweiß-bedingungen* I	t	bzw. v	l_1	Verteilung der Elemente in der Verbindungs-zone** Fe	Al	Zn	Dicke der Ver-bin-dungs-zone
			µm	mm	mm		mm		A	s	cm/min	mm	%	%	%	µm
1	Al 99,5	spritz-verzinkt	30	1	2	–	–	Abb. 6g	180	5	–	18	41	38	0,2	11
2	Al 99,5	spritz-verzinkt	70	1	2	–	–	Abb. 6g	180	5	–	18	41	44	0,3	28
3	Al 99,5	feuer-verzinkt	20	2	2	AlSi 5	3 ⌀	Abb. 6d	140	–	14	3	39	46	0,3	10
4	Al 99,5	feuer-verzinkt	20	2	2	AlMg 5	3 ⌀	Abb. 6d	140	–	14	3	36	50	0,2	37
5	Al 99,5	feuer-verzinkt	20	2	2	AlZnMn	4 ⌀	Abb. 6d	140	–	14	3	38	31	10,0	> 20

* Schweißspannung: $U = 20$ V (Probe 1 und 2); $U = 15$ V (Probe 3 bis 5); Definition von l_1 s. Abb. 6.
** Für Verteilung anderer Elemente wie Silizium, Magnesium und Mangan siehe Text.

Forschungsberichte des Landes Nordrhein-Westfalen

Herausgegeben im Auftrage des Ministerpräsidenten Heinz Kühn
von Staatssekretär Professor Dr. h. c. Dr. E. h. Leo Brandt

Sachgruppenverzeichnis

Acetylen · Schweißtechnik
Acetylene · Welding gracitice
Acétylène · Technique du soudage
Acetileno · Técnica de la soldadura
Ацетилен и техника сварки

Arbeitswissenschaft
Labor science
Science du travail
Trabajo científico
Вопросы трудового процесса

Bau · Steine · Erden
Constructure · Construction material · Coil research
Sonstruction · Matériaux de construction · Recherche souterraine
La construcción · Materiales de construcción · Reconocimiento del suelo
Строительство и строительные материалы

Bergbau
Mining
Exploitation des mines
Minería
Горное дело

Biologie
Biology
Biologie
Biologia
Биология

Chemie
Chemistry
Chimie
Quimica
Химия

Druck · Farbe · Papier · Photographie
Printing · Color · Paper · Photography
Imprimerie · Couleur · Papier · Photographie
Artes gráficas · Color · Papel · Fotografía
Типография · Краски · Бумага · Фотография

Eisenverarbeitende Industrie
Metal working industry
Industrie du fer
Industria del hierro
Металлообработывающая промышленность

Elektrotechnik · Optik
Electrotechnology · Optics
Electrotechnique · Optique
Electrotécnica · Optica
Электротехника и оптика

Energiewirtschaft
Power economy
Energie
Energía
Энергетическое хозяйство

Fahrzeugbau · Gasmotoren
Vehicle construction · Engines
Construction de véhicules · Moteurs
Construcción de vehículos · Motores
Производство транспортных средств

Fertigung
Fabrication
Fabrication
Fabricación
Производство

Funktechnik · Astronomie
Radio engineering · Astronomy
Radiotechnique · Astronomie
Radiotécnica · Astronomía
Радиотехника и астрономия

Gaswirtschaft
Gas economy
Gaz
Gas
Газовое хозяйство

Holzbearbeitung
Wood working
Travail du bois
Trabajo de la madera
Деревообработка

Hüttenwesen · Werkstoffkunde
Metallurgy · Materials research
Métallurgie · Matériaux
Metalurgia · Materiales
Металлургия и материаловедение

Kunststoffe
Plastics
Plastiques
Plásticos
Пластмассы

Luftfahrt · Flugwissenschaft
Aeronautics · Aviation
Aéronautique · Aviation
Aeronáutica · Aviación
Авиация

Luftreinhaltung
Air-cleaning
Purification de l'air
Purificación del aire
Очищение воздуха

Maschinenbau
Machinery
Construction mécanique
Construcción de máquinas
Машиностроительство

Mathematik
Mathematics
Mathématiques
Matemáticas
Математика

Medizin · Pharmakologie
Medicine · Pharmacology
Médecine · Pharmacologie
Medicina · Farmacología
Медицина и фармакология

NE-Metalle
Non-ferrous metal
Metal non ferreux
Metal no ferroso
Цветные металлы

Physik
Physics
Physique
Física
Физика

Rationalisierung
Rationalizing
Rationalisation
Racionalización
Рационализация

Schall · Ultraschall
Sound · Ultrasonics
Son · Ultra-son
Sonido · Ultrasónico
Звук и ультразвук

Schiffahrt
Navigation
Navigation
Navegación
Судоходство

Textilforschung
Textile research
Textiles
Textil
Вопросы текстильной промышленности

Turbinen
Turbines
Turbines
Turbinas
Турбины

Verkehr
Traffic
Trafic
Tráfico
Транспорт

Wirtschaftswissenschaften
Political economy
Economie politique
Ciencias económicas
Экономические науки

Einzelverzeichnis der Sachgruppen bitte anfordern

Springer Fachmedien Wiesbaden GmbH

GPSR Compliance

The European Union's (EU) General Product Safety Regulation (GPSR) is a set of rules that requires consumer products to be safe and our obligations to ensure this.

If you have any concerns about our products, you can contact us on ProductSafety@springernature.com

In case Publisher is established outside the EU, the EU authorized representative is:

Springer Nature Customer Service Center GmbH
Europaplatz 3
69115 Heidelberg, Germany

Batch number: 10584556

Printed by Printforce, the Netherlands